實戰智慧館 433 李仁芳 策劃

讓你的敵人都相信你

一天五分鐘，全方位拷貝華人首富李嘉誠的成功腦袋

張尚國 編著

【實戰智慧館】

出版緣起

王榮文

在此時此地推出【實戰智慧館】，基於下列兩個重要理由：其一，臺灣社會經濟發展已到達了面對現實強烈競爭時，迫切渴求實際指導知識的階段，以尋求贏的策略；其二，我們的商業活動，也已從國內競爭的基礎擴大到國際競爭的新領域，數十年來，歷經大大小小商戰，積存了點點滴滴的實戰經驗，也確實到了整理彙編的時刻，把這些智慧留下來，以求未來面對更嚴酷的挑戰時，能有所憑藉與突破。

我們特別強調「實戰」，因爲我們認爲唯有在面對競爭對手強而有力的挑戰與壓力之下，爲了求生、求勝而擬定的種種決策和執行過程，最值得我們珍惜。經驗來自每一場硬仗，所有的勝利成果，都是靠著參與者小心翼翼、步步爲營而得到的。我們現在與未來最需要的是腳踏實地的「行動家」，而不是缺乏實際商場作戰經驗、徒憑理想的「空想家」。

我們重視「智慧」。「智慧」是衝破難局、克敵致勝的關鍵所在。在實戰中，若缺乏智慧的導引，只恃暴虎馮河之勇，與莽夫有什麼不一樣？翻開行銷史上赫赫戰役，都是以智取勝，才能建立起榮耀的殿堂。孫子兵法云：「兵者，詭道也。」意思也明指在競爭場上，智慧的重要性與不可取代性。

【實戰智慧館】的基本精神就是提供實戰經驗，啓發經營智慧。每本書都以人人可以懂的文字語言，綜述整理，爲未來建立「中國式管理」，鋪設牢固的基礎。

遠流出版公司【實戰智慧館】將繼續選擇優良讀物呈獻給國人。一方面請專人蒐集歐、美、日最新有關這類書籍譯介出版；另一方面，約聘專家學者對國人累積的經驗智慧，作深入的整編與研究。我們希望這兩條源流並行不悖，前者汲取先進國家的智慧，作爲他山之石；後者則是強固我們經營根本的唯一門徑。今天不做，明天會後悔的事，就必須立即去做。臺灣經濟的前途，或亦繫於有心人士，一起來參與譯介或撰述，集涓滴成洪流，爲明日臺灣的繁榮共同奮鬥。

這套叢書的前五十三種，我們請到周浩正先生主持，他爲叢書開拓了可觀的視野，奠定了扎實的基礎；從第五十四種起，由蘇拾平先生主編，由於他有在傳播媒體工作的經驗，更豐實了叢書的內容；自第一一六種起，由鄭書慧先生接手主編，他個人在實務工作上有豐富的操作經驗；自第一三九種起，由政大科管所教授李仁芳博士擔任策劃，希望借重他在學界、企業界及出版界的長期工作心得，能爲叢書的未來，繼續開創「前瞻」、「深廣」與「務實」的遠景。

【實戰智慧館】

策劃者的話

李仁芳

企業人一向是社經變局的敏銳嗅覺者，更是最踏實的務實主義者。

九〇年代，意識形態的對抗雖然過去，產業戰爭的時代卻正方興未艾。

九〇年代的世界是霸權顛覆、典範轉移的年代：政治上蘇聯解體；經濟上，通用汽車（GM）、IBM虧損累累——昔日帝國威勢不再，風華盡失。

九〇年代的台灣是價值重估、資源重分配的年代：政治上，當年的嫡系一夕之間變偏房；經濟上，「大陸中國」即將成爲「海洋台灣」勃興「鉅型跨國工業公司」（Giant Multinational Industrial Corporations）的關鍵槓桿因素。「大陸因子」正在改變企業集團掌控資源能力的排序——五年之內，台灣大企業的排名勢將出現嶄新次序。

企業人（追求筆直上昇精神的企業人！）如何在亂世（政治）與亂市（經濟）中求生？外在環境一片驚濤駭浪，如果未能抓準新世界的砥柱南針，在舊世界獲利最多者，在新世界將受傷最大。

亂世浮生中，如果能堅守正確的安身立命之道，在舊世界身處權勢邊陲弱勢者，在新世界將掌控權勢舞台新中央。

【實戰智慧館】所提出的視野與觀點，綜合來看，盼望可以讓台灣、香港、大陸，乃至全球華人經濟圈的企業人，能夠在亂世中智珠在握、回歸基本，不致目眩神迷，在企業生涯與個人前程規劃中，亂了章法。

四十年篳路藍縷，八百億美元出口創匯的產業台灣（Corporate Taiwan）經驗，需要從產業史的角度記錄、分析，讓台灣產業有史爲鑑，以通古今之變，俾能鑑往知來。

【實戰智慧館】將註記環境今昔之變，詮釋組織興衰之理。加緊台灣產業史、企業史的紀錄與分析工作。從本土產業、企業發展經驗中，提煉台灣自己的組織語彙與管理思想典範。切實協助台灣產業能有史爲鑑，知興亡、知得失，並進而提升台灣乃至華人經濟圈的生產力。

我們深深確信，植根於本土經驗的經營實戰智慧是絕對無可替代的。另一方面，我們也要留心蒐集、篩選歐美日等產業先進國家，與全球產業競局的著名商戰戰役，與領軍作戰企業執行首長深具啓發性的動人事蹟，加上本叢書譯介出版，俾益我們的企業人汲取其實戰智慧，作爲自我攻錯的他山之石。

追求筆直上昇精神的企業人！無論在舊世界中，你的地位與勝負如何，在舊典範大滅絕、新秩序大勃興的九〇年代，【實戰智慧館】會是你個人前程與事業生涯規劃中極具座標參考作用的羅盤，也將是每個企業人往二十一世紀新世界的探險旅程中，協助你抓準航向，亂中求勝的正確新地圖。

【策劃者簡介】

李仁芳教授，一九五一年生於台灣台北。曾任行政院文建會政務副主委、經濟部創意生活產業計畫召集人、兆豐第一創業投資股份有限公司董事、政大科管所所長、輔仁大學管理學研究所所長、企管系系主任；現為政治大學科管智財研究所教授，專長領域為創意產業經營與創新管理、組織理論，著有《創意心靈》、《管理心靈》、《7-ELEVEN縱橫台灣》等專書；並擔任台灣創意設計中心董事、立達國際電子股份有限公司董事、行政院國發基金創業投資審議委員、中華民國科技管理學會院士等社會服務職務。

推薦文

心力強大，李嘉誠成功的關鍵

陳嫦芬

《讓你的敵人都相信你》以李先生的精彩故事，引申其行事理念，並且提出行動指南，供讀者參考，是部簡明好讀，速寫李先生商場風格與生命態度的類傳記型讀物。

本書探討李先生的發跡轉折、精準決策，從經營長才、商場英姿到企業社會責任的成就，有大篇幅分析。我認為，李先生超凡入聖的「心力強大」，是他成為傳奇的關鍵因素。一個人的「心力強大」正反映了其關鍵的本質習性，與內心世界的浩瀚；加上天時、地利與人和外在因素成就了李先生的典範故事。

在國際投資銀行界服務經驗中，我接觸過不少所謂的「成功企業家」；他們在被視為「成功」之前，都歷經過不為人知的辛酸血淚。所謂的考驗與淬煉，也正是「成功」的沃土養分。他們兢兢業業地專注經營事業，即使光環不再，仍持續精進，因為這是他們信仰的「正道」。

在商場的起伏波折中，高下的決定，往往取決於當事者「如願」或「違願」時的應對態度。李先生說：「做好管理者的首要任務是自我管理，在千變萬化的世界中，能發現自己是誰，了解自己要成為什麼模樣，建立自己的尊嚴。」清晰地點出他安身立命之道在「自我領導力」。

近年，與兩岸高校學生互動頻繁，我感受到年輕世代需要學習精進的典範人物，而其中最珍貴的，即是「自我領導力」的培育方法。茲自本書擷取李先生關鍵的五個人生價值觀，與讀者共勉之：

一、「愛人」

李先生對待員工、部屬、客戶、合作夥伴或競爭對手，都抱懷深刻的人本涵養。書中以誠信為本的故事，描述李先生心懷大愛，感恩故舊，常懷回報之誠摯，講求互惠互利，以同理心確定共贏，讓人感動。我很喜歡他激勵員工的詩作〈Are You Ready?〉內容充滿哲思，是敬天愛人的實踐。

二、「勇氣」

高覺知地反省自己，誠實面對；接受自己的弱點，進而積極改善。成名後更加謙遜上進，以無比柔軟的本心，練就勇氣大智，堅實自己的面貌。商業決策上，李先生能廣納異見，招賢納才，在高峰時嚴謹守分，在低谷中頂風前進，都有賴果敢剛毅的心力。在兒子被綁架時，李先生直接面對綁匪處理贖金；書中所描述的不是討價還價，而是務實處事，助子脫困的大愛大勇。

三、「學會忍受」

這是成功者很關鍵的特質；體悟「勉、強」的可貴，以突破現狀。前者期勉自己凡事盡力，後者借助外力拓增自我心力的幅員，李先生也建議年輕人「給自己加點壓力」。

四、「知止」

凡事審慎留餘地，商場上也留點盈利給別人，這是因為「能」，所以「不能」。書中側寫李先生在幾樁大筆交易中，不爭強鬥勝，願意讓利，去除霸王心態的作為，極其不易。

五、「行慎寡悔」

李先生深諳「事與願違」是人生常態，行事總審慎為度；即使結果與預期相左，也盡速面對、處理、捨下，減少懊惱。這專注當下，盡一切心力的態度，非凡人所為，果然形塑了他自若而堅定的性格。

讀者若想要快速得知李嘉誠先生獨特的成功個人特質，不妨每天運用幾分鐘時間，便能快速參透李嘉誠先生的思考模式，或能對自身人生、性格有若干正面影響，在此推薦這本好書。

（本文作者為國立臺灣大學管理學院財金系專家教授、資深國際投資銀行家，目前專注推廣職場素養教育。）

三月 決策

四月 領導力

五月 人才觀

六月 誠信

七月 自我管理

八月 投資藝術

九月 培養接班人

十月 財務策略

十一月 危機與風險

十二月 社會責任

序　向李嘉誠學些什麼

二〇一三年，「胡潤全球富豪榜」❶前一百名如期出爐，八十五歲的超人李嘉誠以財富一兆台幣繼續蟬聯華人財富榜首，而由他領軍的多家公司共同支付三億五千萬台幣收購英國天然氣業務的消息震撼商界，媒體驚呼李嘉誠這個財富大鱷併購了整個英國，成了名副其實在英投資最大的國際富豪。

李嘉誠創造的神話，讓全世界的人仰慕和驚嘆。如今，「李嘉誠」不僅是財富的代名詞，更是創造財富的代名詞。在香港，人們對他的崇拜甚至超過世界首富比爾．蓋茲（Bill Gates）。李嘉誠演繹了一個白手起家且成功的經典神話，他用自己的傳奇人生告訴人們，一個人的歷史是如何由自己書寫而成的，英雄是如何在多舛的時代中磨練出來的。對於數以萬計、正在為前程苦苦奮鬥的年輕人來說，李嘉誠的故事將是他們人生道路上的一盞明燈。

作為商人，李嘉誠無疑是成功的，他不僅創造了大量的財富，還身體力行地踐行著一套深厚內涵的經商哲學。李嘉誠經歷了太多挫折，在社會大熔爐中儼然把自己鍛造成一把鋒利無比的劍，這使他能在與狼共舞的商海中遊刃有餘。李嘉誠出身寒微，沒有很好的社會和家庭背景，但他總能看得比別人遠，做得比別人高，想得比別人全，這一點特別體現在他的分家上。二〇一二年五月二十五日，李嘉誠醞釀已久的分家計畫終於和公眾見面了，在短短十五分鐘之內，一個橫跨五十三個國家、擁有二十七萬名雇員的帝國，就在李嘉誠氣定神閒的指揮下塵埃落定。十五分鐘「散盡」千億家產，乍看是分錢算帳，實則凸顯了李嘉誠超凡不俗的人生智慧。

或許是年齡的差異，我們這代人在解讀李嘉誠時，總是用一種仰望的姿態審視他——他是一個萬眾矚目的神話，是一座無法逾越的巔峰，是一本引人入勝的皇皇巨著，是一部跌宕起伏的人生傳奇。我認識他還是透過萬通董事長馮侖先生寫的一篇文章〈建立自我，追求無我〉，文中講述了他與李嘉誠先生見面的經歷，所寫之言感人至深，它直接打破了我對李嘉誠這樣一位「商場巨無霸」深沉、不可一世的印象。就李嘉誠現在的身價、地位以及在華人企業家中的影響力而言，即便用再多的諸如清高、冷酷、張狂、自負之類的詞語形容他，也不足為過。但實際情況是，李嘉誠作為一名偶像級的企業家，表現得卻十分平易近人，一些細微至極的事他都親自去做，讓人覺得驚訝，甚至不可思議。顯然，李嘉誠的成功不僅僅是在商業成就上，更重要的是他的人格魅力。且看馮侖筆下的李嘉誠：

我們進了電梯，當電梯門打開的時候，李先生在門口待著，然後給我們發名片，這已經出乎我們意料——李先生的身家和地位已經不用名片了，但是他仍然像做小買賣一樣給我們發名片。發名片後，我們每個人都抽了一個籤，這個籤就是一個號，就是我們照相站的位置，是隨便抽的。我當時想，為什麼照相還要抽籤？後來才知道這是用心良苦，為了讓大家都舒服，否則怎

---

❶胡潤（Rupert Hoogewerf）為英國記者，於一九九九年開始編制中國富豪排行榜而聞名，現與其工作團隊持續關注中國經濟研究。

麼站呢？

抽號照相後又抽個籤，說是吃飯的位置，又是為了讓大家舒服。最後讓李先生說幾句，他說也沒有什麼要講的，主要就是和大家見面，後來大家讓他講，他說，我就把生活當中的一些體會與大家分享。然後看著幾個老外，用英語講了幾句，又用粵語講了幾句，把全場的人都照顧到了。他講的是「建立自我，追求無我」，讓自己強大起來，就要建立自我，追求無我，把自己融入到生活和社會當中，不要給大家壓力，讓大家感覺不到他的存在，才會接納他、歡迎他。之後我們開始用餐。我抽到的位置正好跟他隔著一個人，我以為可以就近聊天，但吃了一會兒，李先生就站起來了，說：「抱歉，我要到那個桌子坐一會兒。」後來，我發現他們安排李先生在每張桌子坐十五分鐘，總共四桌，每桌十五分鐘，正好一小時。臨走的時候，他說一定要與大家告別握手，每個人都要握到，包括邊上的服務人員，然後送大家到電梯口，直到電梯門關上才走。他的追求無我，在這個過程中得到充分體現。

如今，李嘉誠已成為一個凝聚和代表著中國人奮鬥精神、不斷創造神話的卓越商人和企業家。對此，李嘉誠也不吝惜地反覆對外公布自己的創富祕訣：發展中不忘穩健，穩健中不忘發展，知識改變命運，名譽是我的第二生命……一些對李嘉誠相當關注的人，還總結出「李氏成功定律」：

對金錢的態度：李嘉誠坦言，自三十歲起，他就再也沒細數過自己的財富。

用錢的守則：李嘉誠一直遵循著「當你賺到錢，等有機會時，就要用錢，賺錢才有意義」。

內心的驕傲：李嘉誠不止一次說過：「我表面謙虛，其實很驕傲，別人天天保持現狀，而我卻老想著一直爬上去，所以當我做生意時，就警惕自己，若我繼續有這個驕傲的心，遲早有一天是會碰壁的。」

對成功的定義：李嘉誠這樣說：「要清楚，無論從事什麼行業，都要比競爭對手做的更好一點。有時候，好一點就行，像奧運賽跑一樣，只要快十分之一秒就會贏。」

時間觀念：不論幾點睡覺，他一定在清晨五點五十九分鬧鈴響後起床。他每天都把鬧鐘調快八分鐘，一直將這一習慣保留了大半個世紀。

這些話不免使一些把李嘉誠奉若神明的崇拜者感到掃興，因為這些都是老生常談，沒有什麼高深的玄機，人人都能做到！他們其實是想從李嘉誠那裡得到所謂的經商葵花寶典，問題是，「應該做得到」不等於「一定做得到」。於是，我想起美國通用電氣公司（GE）前任總裁傑克．威爾許（Jack Welch）先生來中國訪問時的一段小插曲。當時有很多慕名者紛紛高價購票，到現場聆聽威爾許的演講，結果卻讓中國企業家們感到失望。有人直接問威爾許：「您講的這些沒有什麼新鮮的，很多我們都知道。」威爾許的回答平靜而耐人尋味：「你們是知道，而我是做到！」這足以說明一個簡樸的道理──知易行難！李嘉誠就是這樣踐行著一個又一個的商業真理，看似簡單，卻是少數幾個能做到的，這個世界也就有了華人首富李嘉誠的驕傲。

正如阿里巴巴總裁馬雲所言：「商業才能是很多企業家都具備的，但是只有像李嘉誠那樣，具有好的人品，才有可能做大。毫無疑問，李嘉誠是華人世界最受尊重的企業家，要成為李嘉誠很難，因為他的時代具有獨特性，但是我們還是有可能學習和超越他。」

本書忠於李嘉誠的人生軌跡，每一個階段都有全新的主題，相信本書的出版能給讀者帶來些許幫助。

最後，讓我們以李嘉誠的一首詩來共勉：

當我們夢想更大成功的時候，我們有沒有更刻苦地準備？
當我們夢想成為領袖的時候，我們有沒有服務於人的謙恭？
我們常常希望改變別人，我們知道什麼時候改變自己嗎？

Jan.
一月

策略思維

在別人放棄的時候出手；不要與業務「談戀愛」，也就是不要沉迷於任何一項業務；要讓合作夥伴擁有足夠的回報空間。

第1週
Mon.

生前辦妥身後事

打架都不關我的事，身為爸爸的我已為他們想得這麼盡，一定還做得成兄弟。

——二〇一二年，李嘉誠談分家

背景分析

二〇一二年五月二十五日，八十四歲高齡的華人首富李嘉誠披露了他億萬家產的分割方案：長江實業❶及和記黃埔❷上市集團，將由長子李澤鉅繼承；對於次子李澤楷，他將以巨額現金的方式支援他的個人事業。李嘉誠身體健康，思維敏捷，為何在生前就安置好一系列身後事？據分析，提前公布分家方案，正是他大策略思考的體現。

近年來，香港富豪家族企業接班和分產的問題連連上演，最終鬧得親人間勢不兩立，對簿公堂。二〇一〇年年底，九十歲的「澳門賭王」何鴻燊病危告急，短短數日，他的十七個子女就紛紛捲入戰爭，爭奪家產的大戰愈演愈烈。二〇〇八年十月十五日，九十二歲的台灣經營之神王永慶心臟病突發辭世。尚未舉辦追思儀式，曾被他驅逐的二房之子王文洋就車馬勞頓、漂洋過海地重返王家，以圖錢財。此後又鬧劇頻現，無中生有的三個私生子如跳梁小丑般，紛紛要求認祖歸宗，得財之心昭然若揭。

為什麼不在生前就把家產安排妥當，非要等到死後讓後輩們對簿公堂？這是對死亡的恐懼，還是對財富的貪婪？李嘉誠看穿世間的百態人生，所以他決定及早公布這個方案，給子女們一個滿意的交代，也給家族企業的分家和接班提供一個值得參考的案例。

分家，這個敏感的話題，歷來都是家族企業在處理家族傳承時不得不經歷的陣痛：分家就等同於蠶食企業，可能導致無端衍生諸多競爭對手，原本清晰的企業秩序可能會混亂不堪，原有的產業格局將因分家而出現四分五裂的局面。從來就很重視家族文化的李嘉誠顯然明白箇中利害，所以，他首先確立了長子李澤鉅對家族傳統產業的繼承地位，另一方面也積極組織了巨額現金，隨時給次子李澤楷的事業注入強大的助推劑。李嘉誠此舉可謂一舉三得：首先，李氏帝國沒有因為分家而被削弱；其次，家庭成員也不會因李嘉誠的厚此薄彼而心生怨恨；第三，李嘉誠巨額資金支持李澤楷的事業，將會是全新的業務，這和李澤鉅繼承的父親事業無關，因此兩個兄弟的事業不會有重疊問題，也就不存在利益衝突，用李嘉誠自己的話來說，日後「仍做得成兄弟」！

李嘉誠此舉有如下三個亮點：

第一，早有準備，減少傳承風險。就在李嘉誠當天對外公布分家方案的現場，就有一記者問他，是否是因為自己年歲漸高，或者有退休想法才作出如此安排。李嘉誠沒有明確地回答是否要退休，而是巧妙地回應自己身體健朗，目前還沒有退休的打算，而且他還坦言，即便自己現在離

❶長江實業（Cheng Kong[Holdings] Limited）源自一九五〇年，當時名為長江塑膠廠，一九五七年改名長江工業有限公司，一九七一年籌辦為長江地產有限公司，全力發展房地產，一九七二年再更名為長江實業（集團）有限公司，於香港股市掛牌上市。

❷和記黃埔（Hutchison Whampoa Limited）是一八六三年成立的香港黃埔船塢公司與一八七七年成立的和記企業有限公司（即和記洋行）的合稱，現今香港最大上市公司之一，長江實業控股近五成，營業項目除了電訊，尚包括港口業務、零售、房地產、投資等。

開公司去休假，公司也不會因為他的離去而受到影響。

第二，長期培養，今見成效。李嘉誠的分家計畫雖然是近期提出的，但為了這一刻，李嘉誠足足做了二十年的準備。每一時、每一刻，他都在培養著兒子們的商業才能。二十年過去了，兒子們已羽翼豐滿，他相信他們能繼續李氏王國的輝煌，這是他最欣慰的事。

第三，團隊的順利過渡，減少了企業的不確定風險。一個企業的成功不是靠企業領導人一個人成就的，而是靠眾人的努力。李氏王國的締造，是李嘉誠企業團隊共同奮鬥的結果，如今李嘉誠雖然卸任，但團隊還在，這是李嘉誠饋贈給接班人最好的禮物。從另一方面來說，對股民也是非常負責的，因為企業管理權的交班歷來被視為企業的不確定性增加，一旦隱患爆發，將導致短期的市場波動，受損的還是操勞的股民。

這就是李嘉誠的策略眼光，他防一切於未然之中，可謂用心良苦。另有人士認為，李嘉誠是在傳統華人富豪的路上，借鑑了西方企業傳承經驗，長子繼承衣缽，次子另闢新地，這是理想的交接班方式，究竟效果如何，可能還要等一、二十年才能看到。

行動指南

家族企業的分家意識要盡可能提前，及早安排好身後事是維繫企業生命的最好辦法，否則子孫、後人都來分一杯羹，最終將毀掉整個企業，同室操戈、對簿公堂的情況也遲早會發生。

第1週 Tue.

正確的經營理念

大前年賺錢了，前年賺錢了，去年也賺錢了，如果今年還能賺錢，那就太好了。可是，這個世界沒有那麼順利的事，賺了三年以後，第四年是不是還會賺呢？所以經商時應該有「賺了三年就退回一年份」的想法才好。

——《李嘉誠經商智慧全書》

背景分析

中國有句古話是「事不過三」，言下之意就是好事不會一直光顧，當你連連順利的時候，就應該注意了，此時要戒驕戒躁，不要被勝利的喜悅沖昏了頭，應該有居安思危的意識。李嘉誠多年來一直秉持一個觀點：經商必須有正確的經營觀和使命感。

他特別指出，企業在經營順利的時候，如果已持續擴張三年，就要對加大投入保持警惕。他說，如果連續出現三年好光景，很多人會認為這是一種良性循環，以為這種大好局面會像四季輪迴一樣一直持續下去，於是拚命地擴大經營。此時的狀況有可能就是投資戰線過長，攤子鋪得過大，給後續經營埋下危險的種子。

因此，他經常告誡身邊的人，做生意，如果大前年賺錢了，前年賺錢了，去年也賺錢了，假如今年還能繼續賺錢，那就再好不過了。然而，任何事都並非一帆風順，連續賺了三年，第四年誰能保證還會賺呢？所以，作為一位有前瞻性眼光的領導者，就要有「賺了三年後退回一年份」的想法。如果有這種經營思維，你就不用驚慌，因為不慌張，就能自如地處理事務，這時候智慧也就出現了，說不定在第四年還會出現贏利❸。

就好比尺蠖蟲，它在前進時總是弓著腰，前進五公分又退回兩公分。賺了三年，第四年你還想賺，那麼就會像尺蠖一樣，已經完全伸直，無法後退，死亡遂悄然降臨。死亡好，還是退回一年份能生存好？當然是生存比較好。這樣「一弓一屈」，才能第二年賺，第三年、第四年還賺，做企業就要有這種想法。

行動指南

要記住：事不過三，幸運之神不會一直光顧你；居安思危，不要被一時的成就沖昏了頭；穩紮穩打，才是企業永續經營的不二法門。

第1週 Wed.

洞察市場發展趨勢

從前經商，只要有些計謀，敏捷迅速，就可以成功；可現在的企業家，還必須有相當豐富的資本，對於國內外的地理、風俗、人情、市場調查、會計統計等都非常熟悉。

——《李嘉誠經商自白書》

背景分析

一九七二年，李嘉誠帶領他的長江實業成功上市。在一次業務會議上，祕書洪小蓮說：「我們將來一定要做成最好的華資公司。」李嘉誠聽後說：「我們要做到能與置地❹較量的公司。」置地是當時香港實力最雄厚的英資地產商。面對這樣一個巨無霸，李嘉誠口出狂言，好多人暗自發笑，認為李嘉誠說大話、吹牛皮。李嘉誠難道是自不量力？事實恰恰相反，到一九七〇年代中期，長江實業果然擊敗置地，一舉奪得位於中環的舊郵政局的土地。截至一九七六年，長江實業擁有地產面積多達六百三十五萬平方英尺。他之所以能出奇制勝，是因為察覺到時局的變化。

一九七六年，「四人幫」❺被打倒，中國政治局勢趨於穩定，那些曾離開香港的大亨紛紛重返家園。隨後，中國政府宣布實行對外開放、對內活絡的政策，一時間，商務活動從世界各地湧

❸贏利，指盈利。

❹置地企業（Hongkong Land Holdings Limited），由保羅·遮打爵士（Sir Paul Chater）和占士·莊士頓·凱瑟克（James Johnstone Keswick）於一八八九年所創辦，為亞洲歷史最悠久的房地產公司，在香港及亞洲諸多城市均有房產，許國跨國企業都是其承租戶。

❺四人幫是文化大革命期間由王洪、張春橋、江青（毛澤東之妻）與姚文元組成的四人政治團體，為貫徹毛澤東思想的主要推手，一九七六年，民眾於悼念前總理周恩來的「四五運動」時，開始展現對其強烈不滿，四人於該年毛澤東逝世後被捕、定罪，一九六六年開始的文化大革命亦告終結。

向香港。他們在香港建立商場，成立貿易公司，這在一定程度上促進了香港土地供不應求的局面，房地產價格也陡然上漲。李嘉誠洞察先機，果斷地動用一切可動用的管道籌措資金，抓住了這個天上掉下的機會，這也是他朝地產業邁出的最早、也最為關鍵的一步。

機會對每個人來說都是均等的，可很多人與成功失之交臂，因為成功更願意親近那些精明強幹、善於捕捉事業發展機會的企業家。李嘉誠便是其中之一。

行動指南

把企業置於當時、當地的大環境中，利用一切可利用的有利條件；綜合考慮當下的經營環境方能跟上時代的脈搏，以前那種靠計謀取勝的經商方式已經不適用了。

第1週 Thu.

兼併是形成巨型企業的必經之路

兼併是形成巨型企業的必由之路，要想成為跨國的國際集團，這是一道必然要邁過去的坎。

——《李嘉誠經商智慧全書》

背景分析

一九九〇年代，企業併購成為商界的主題。金融資本在全球範圍內更是迅猛發展，併購不再拘泥於同行業之間的兼併與重組，它突破了空間界限，眾家無不受到波及，從飛機製造業到汽車製造業，從石油到電腦、娛樂業，併購浪潮愈演愈烈。作為商界的領軍人物，李嘉誠此時也開始了自己公司的併購。他首先花巨資進入當時不被看好的3G領域，而後取得了巴拿馬運河航運的控制權，後來又進軍台灣媒體❻，收購了印度電信的股份……椿椿成功的案例無不證明，李嘉誠已將企業併購作為公司策略的重要組成部分。

行動指南

併購作為企業重組的一個重要手段，已是不容置疑的了，儘管在併購過程中某些個人利益會受到衝擊，但從企業發展大局來看，這或許是條光明之路。所以，在重組時代，企業要借助併購手段積極謀求整合，才能在大浪淘沙中浴火重生。

❻即二〇〇一年，其旗下的傳媒產業TOM.COM（現名為TOM集團）以四點七億港元（約合新台幣二十億元）買下詹宏志的電腦家庭出版集團（PC Home）和城邦出版集團。

第1週 Fri.

找到順流與逆流的規律

精明的商家可以將商業意識滲透到生活的每一件事裡，甚至是舉手投足之間。對於充滿商業細胞的商人，賺錢可以無處不在、無時不在。

——《李嘉誠傳》

背景分析

李嘉誠是一個善於找規律、抓規律的商人，他的理性策略思維是他的「財富大樓」得以建立的基礎。特別是在股市上，他的理性策略思維表現得淋漓盡致。一九七二年，香港股市看好、大旺，李嘉誠看準了這個百年難遇的大好時機，果斷地令長江實業「騎牛」❼上市。長江實業股票每股溢價一港元公開發售，上市不到一天，股票就升值一倍多。

到了一九七三年，香港股市形勢急轉直下，出現了大股災，一九七四年十二月十日恒生指數跌至最低一百五十點。一九七五年三月，股市開始回暖，但一朝被蛇咬，十年怕草繩，當時深受股災之害的投資者仍有些發怵，視股票為洪水猛獸。危機往往與機會共存，李嘉誠在這個時候獨闢蹊徑，他依據當時低迷的市價，每股作價三點四港元，由長江實業發行兩千萬股新股，並宣布放棄兩年的股息，此舉既討了股東的歡心，又為自己贏得了實利，這一情況一直持續到一九八二年香港信心危機爆發。這段時間內，長江實業股價漲幅之大，令人驚奇，李嘉誠也贏得了遠勝於當年犧牲的股息利益。

行動指南

股市中的低進高出無異於冒險遊戲。在公司的成長中，會經歷無數次的高進低出，其中保持不敗的關鍵是要有策略思想，看準順流逆流的規律。

第2週 Mon.

有策略地投資

當大街上遍地鮮血的時候，就是你最好的投資時機。

——二〇〇六年，接受《中國經濟週刊》採訪

背景分析

取勝最好的方法就是敵退我進，只有這樣才能避其鋒芒，直指其要害。經商也一樣，當遇到

❼當時香港股市正是上揚走高的多頭市場，即所謂的「牛市」，反之則為「熊市」。

千軍萬馬過獨木橋時，能否退一步想，市場已經白熱化，即便衝進去又能分得幾杯羹？正如淘金人都蜂擁金山，有智者想：金子有限，但趨之者眾，能否開闢另外的相關行業，像是造船；結果，淘金者大都空手而返，造船的人卻賺了個盆滿缽滿。李嘉誠始終信奉「低谷過後是高峰」的道理。在對手蜂擁而上的時候，他理智地退了下來，做一些別人捨棄的買賣，等那些淘金者擠得頭破血流、想重操舊業時，李嘉誠已經奪得了最廉價的資源，然後再高價脫手。「人退我進，人棄我取」的戰術，李嘉誠操作得爐火純青，這也是他被譽為「超人」的原因之一。

以二〇〇〇年李嘉誠出價六十九億美元買到一張英國3G牌照為例，當時歐洲3G正處於低迷期，任何人都有理由相信，歐洲3G產業已進入了泡沫時代。和記黃埔在這種背景下介入3G，無疑是一場豪賭，但李嘉誠把切入點選擇在了競爭與機遇共存的歐洲，這種策略眼光本身沒有錯，問題只在於表現得有些激進。作為一名策略投機者，和記黃埔的3G業務符合任何技術行業的新貴特徵，它沒有基礎投資的歷史和既定業務模式的負擔與羈絆，因此大膽採用了打破常規的新模式，這些都是老牌營運商得思前想後才敢採取的舉措。激進和投機是這項產業新貴的殺手鐧，李嘉誠卻把這兩者融為一體，和記黃埔由此創造了許多第一。

行動指南

很多人只看到別人投機獲勝的表象，往往忽略那些真正有用的投機術中的風險防範之法。成功必有成功的道理，作為投資者要想讓錢生錢，就必須遵守起碼的投機之道。

第2週 Tue.

機會與風險並存

具有決定意義的時機，即使冒險也要全力抓住。

——《李嘉誠經商十戒》

背景分析

沒有冒險就沒有成功，這在李嘉誠身上得到了實在的印證。二〇〇三年十一月初，李嘉誠承諾可於二至三週內在香港推出3G業務。李嘉誠是在冒險，還是在創造神話？其實，對李嘉誠這一承諾持懷疑態度的人不是沒有道理的，因為當時3G已進入泡沫時代，但李嘉誠還在瘋狂收購全球3G牌照，推行3G運營服務。這種反常規的策略思維，是普通商家最為忌諱的，但李嘉誠並沒有因此而改變他的策略。

李嘉誠往往在冷場時爆出驚人的舉動。在3G業務整體環境不利的情況下，他堅持忍痛賣掉2G網路，角逐全球3G牌照，大張旗鼓地力推3G服務。機會與風險並存，先入市場者也就掌控了先發權，和記黃埔3G很有可能成為未來3G的大贏家。在為整個產業創造機會的同時，和記黃埔還為自己創造了新的機會。李嘉誠堅信，企業投資電信業，只要服務做好了，回報是遲早的事。

行動指南

機會是市場預期、分析判斷的產物，然而它又存在不確定性。機會與風險密切相關，有機會就會有風險。要想抓住機會獲勝，就必須對機會背後隱藏的風險進行評估，然後採取必要的控制措施，如此方能在機會面前有所表現。

第2週 Wed.

用心思考未來

肯用心思考未來，抓住重大趨勢，賺得巨利，便成大贏家。

——二〇〇一年，接受美國《財星》（*Fortune*）雜誌採訪

背景分析

二〇〇一年，美國《財星》雜誌曾對華人首富李嘉誠進行採訪。訪談中，李嘉誠毫無保留地吐露了他的成功祕密：肯用心去思考，抓住重大趨勢，賺得巨利，便能成為贏家。

企業家能否為企業保駕護航，關鍵在於其能否把握市場的發展趨勢，撥雲見日，釐清方向，

能否對變幻莫測的市場走勢、進程和結果並做出有見地的分析判斷，只有這樣才能趨利避害，牢牢控制住競爭的主動權。或許這樣的道理誰都清楚，但要真正做到，卻不是那麼容易，它需要企業家善於思考未來，對未來發展有一種超前的策略眼光，方能運籌帷幄，在市場上有所作為。李嘉誠無時無刻不在思考未來，才能在經營中屢創奇蹟。

一九六七年，香港處於動盪期，很多投資者都失去信心，但李嘉誠始終堅信香港的前景會好起來。當時房地產市場極度低迷，李嘉誠卻在別人大拍賣時，以低價方式收購了地產商棄之不用的地盤。正因為如此，在一九七〇年代香港房產需求反彈時，李嘉誠大賺一筆。這樣的例子在李嘉誠幾十年的經營生涯中還有很多，由此不難發現李嘉誠高人一等的策略眼光和把握商機的才能，這都是他經常思考未來的結果。

行動指南

企業家要多多思考未來，養成堅持學習、終生學習的習慣，用時代的眼光、全球的眼光和策略家的眼光來分析和思考問題，把握時機，「該出手時就出手」。

第2週
Thu.

進場和退場的藝術

冷場時進入，熱場時退出。

——媒體對李嘉誠四十年來房地產投資的總結

背景分析

李嘉誠的房地產經驗就是在冷場的時候進入，熱場的時候退出，多年來，和記黃埔一直遵循著這個經驗。一九六四年香港物業價格暴跌時，李嘉誠便大量購入土地、樓房等，而且只買不賣。皇天不負苦心人，經過多年投入之後，李嘉誠一手創建的長江實業終於掛牌上市。一九七二年，香港地產回暖，股票市場開始反彈，李嘉誠將其所持的百分之二十五股票投入股市，獲利甚豐。一九七五年，長江實業已擁有五百萬平方英尺的樓房面積。爾後，世界經濟衰退波及香港市場，李嘉誠逆勢操作，又購入了一批土地，至一九七八年，他已擁有樓房面積一千五百萬平方英尺。一九八一年，李嘉誠名下的建築樓房的土地面積又增加到二千九百萬平方英尺，此時的李嘉誠，已然成了除香港除港府之外最大的土地擁有者。

行動指南

何時進攻，何時收手，是策略，更是藝術，找準時機才是關鍵。

第2週 Fri.

紮實的策略眼光

眼睛僅盯著自己小口袋的是小商人，眼光瞄準世界大市場的是大商人。同樣是商人，眼光不同，境界不同，結果也不同。

——李嘉誠給年輕商人的九十八條忠告

背景分析

李嘉誠做生意眼光獨到，在投資地產業方面，表現尤為可圈可點。

當年，李嘉誠在競爭十分激烈的環境進入房地產業。當時遵循的是以霍英東❽開創的「售樓花」（即預售屋）為主的銷售模式，這種模式最大的好處就是能加快樓房銷售，並以此快速回籠資金，如此一來，房地產商的運作資金便能得到及時的彌補。這種一箭雙鵰的作法讓諸多地產商紛紛仿效，響應者更是趨之若鶩。

面對如此局勢，李嘉誠冷靜地研究了樓花和按揭（即抵押）策略後，得出結論：房地產商的利益與銀行密切相連，唇亡齒寒，一損俱損，因此，一味地依賴銀行未必是上上策。於是他採取

❽霍英東，香港政、商實力雄厚的企業家。

了長期投資的策略，而他還是長期投資者中的保守派，盡可能少依賴銀行貸款，有些工業大廈甚至完全靠自有資金建造。

一九六一年六月，香港廖創興銀行[9]爆發擠兌風潮，銀行創始人廖寶珊也因此事突發腦出血死亡[10]，便證實了李嘉誠的策略是正確的。李嘉誠從自己所尊敬的前輩身上，清醒地看到房地產與銀行業的休戚相關。他深刻地認識到投機地產與投機股市一樣，一夜暴富的背後隱藏的往往就是一朝破產。

從結果上看，李嘉誠在其物業發展上獲利甚微，甚至還虧了。但從整個大環境上來看，李嘉誠改變了他在地產界的形象，這個贏面太大了。眼前雖然有虧損，但從長遠來看，他是最大的贏家。這就是所謂的策略眼光。

行動指南

企業家要有高瞻遠矚的策略眼光，能看到行業發展的未來，懂得如何將個人的創業成功經驗轉變為企業的知識積累。

經商三謀略

在別人放棄的時候出手；不要與業務「談戀愛」，也就是不要沉迷於任何一項業務；要讓合作夥伴擁有足夠的回報空間。

——《李嘉誠經商智慧全書》

背景分析

李嘉誠在接受美國《財星》雜誌採訪時透露了三項經商謀略：謀略一，在別人放棄的時候出手。李嘉誠指出，此處的出手不是說去收購別人的垃圾。在考慮出手的時候，首先要考慮別人放棄的原因：他們為什麼棄之不做？如果自己做能否做好？如果做不好，最好就別動這個心思。謀略二，不要與業務「談戀愛」。李嘉誠一向主張不要沉迷於任何一項業務；對一個智慧型的商人來說，應該只有贏利的業務，而沒有長久的業務。謀略三，要讓合作夥伴擁有足夠的回報空間。錢不是一個人賺的，在賺錢的過程中要多考慮對方的利益。如果只是想著裝滿自己的荷包，而讓對方利益受到損失，這種合作關係最終的結果將是走向破裂，受害的是合作的雙方。李嘉誠的三

❾廖創興銀行為早期稱法，後稱創興銀行。
❿當時所發生的擠兌事件之後由滙豐和渣打銀行出面平息，但被誤以為是創興銀行將受這兩間銀行控管，創辦人廖寶珊因此心力交瘁，於一個月後腦溢血猝逝。

項謀略意味深長，值得細細品味。

行動指南

經商是一種能力，更是一種藝術。在別人放棄時出手，可以少走很多彎路；有成績時不要總是沉醉於過去的輝煌，否則會成為前進的絆腳石；要懂得，長期合作的收益遠遠比一次合作的收益要高得多；要使企業有良好的信譽，在行業中有幾家關係穩定的合作夥伴，這些都是事業立於不敗之地的重要保障。

第3週 Tue.

嗅出商機，預謀制勝

精明的商人得嗅覺敏銳，才能將商業情報作用發揮到極致，那種感覺遲鈍、閉門自鎖的公司老闆常常會無所作為。

——《李嘉誠經商自白書》

背景分析

二〇〇九年亞洲金融危機爆發，這場金融危機給各行各業都帶來了不同程度的影響，其中受影響最大的當屬房地產業，就連「超人」李嘉誠也難逃厄運，身價較前幾年大幅縮水。在這之前，李嘉誠在上海大興土木，其霸氣無人能及。

但在二〇〇九年，時有李嘉誠甩賣物業的傳聞：古北御翠豪庭的四十個鋪位，浦東御翠園的八棟商業別墅等房產都被瘋狂降價拋售⓫。外界都好奇李嘉誠怎麼會有如此大的手筆，然而李嘉誠是早有打算的。之前，他頻繁地購取土地，致使「長和系」⓬在中國一共擁有七十多個房地產開發建案，融資量極為龐大。

受到全球次貸危機以及中國房市低迷的影響，長和系企業的不少建案連遭滑鐵盧，在雙重的壓力之下，李嘉誠不得不考慮拋售物業，長和系企業選擇了積極拋售、套現，以緩解中國資金緊張的狀況。

如今回頭看，早在世界金融危機全面爆發之前，李嘉誠就已經預先完成了高位套現，這在兵法上是上上策。在交易中，李嘉誠無疑是最大的贏家，他塑造了一個經典的成功案例。

⓫上述兩處皆為上海浦東的高房價住宅。
⓬長和系即長江實業與和記黃埔，為李嘉誠旗下上市公司所組成的企業集團總稱。

1月 2月 3月 4月 5月 6月 7月 8月 9月 10月 11月 12月

行動指南

事不前定不可以應猝，兵不預謀不可以制勝。事前有謀，戰前有策，方能取勝。

第3週 Wed.

買進東西，最終是要把它賣出去

如果賺，則百分之一是要去除的，如果虧，則至少虧百分之二，一正一反是百分之三，再加上虧的百分比，數目何等巨大。因此，要不就不出手，既然出手就先想好了要怎麼賣。

——《李嘉誠：華人首富獨步商界的不息傳奇》

背景分析

曾任李嘉誠名下和記黃埔總經理的馬世民，在會見《財星》記者時說：「李嘉誠是一位最純粹的投資家，是一位買進東西最終是要把它賣出去的投資家。」馬世民的話，道出了李嘉誠在股市中保持的角色。這種角色很多人都明白，但人性的弱點就是急功近利，很多人都無法承擔這種角色，只能成為世俗的投機家。

一九八七年十月二十三日，李嘉誠制訂了一個穩定股市方案，該方案的核心就是用十五至二十億港元資金把長江實業部屬四家公司[13]的市面散股全部吸收，以穩定港股市場。當時的報導說：「李嘉誠原想釀的美酒變成了苦酒，現在他不得不喝下去——李氏購買了數億股票。」很多人都認為，李嘉誠此次必蝕老本不可，因為按海外股市的經驗，一般在股災之後，都有兩、三年的低迷期。

沒想到這次特大股災在短期內就迅速恢復了。到一九八八年四月十四日，恒生指數收盤價為二千六百八十四點，已和一九八七年年初的水準接近。僅在一年之內，李嘉誠就以配股方式將增購的股票出手，非但沒虧，反而有數千萬港元的盈利，幸運之神又再一次地眷顧了李嘉誠的事業，並再一次淋漓盡致地展現了李嘉誠在「買」和「賣」上的智慧。

行動指南

買是為了賣，因此在買之前一定要考慮如何把它賣掉，如果賣不掉、賣不好，則寧可不做。

[13] 即長江實業、和記黃埔、嘉宏和港燈。

第3週 Thu.

有所為，有所不為

可以賺的錢應該賺，不過要合法合理。可以想辦法賺到最後一分錢，但是不能傷天害理。

——《李嘉誠給管理者的十條忠告》

背景分析

古語云：「君子有所為，有所不為。」意思是，一個人如果看到別人做了一些不該做的事，還能堅持自己的立場不被名利左右，那就算修練到家了。

李嘉誠的投資規模很大，涉及的種類也很多，如機場、高爾夫球場等，因此他在國外的影響力很大。巴拿馬首相曾給了李嘉誠一張賭場牌照，是在這個國家整個旅遊區的經營牌照⓮。這無疑是貴賓級的待遇，但李嘉誠不喜歡這樣的事，畢竟這是賭場。公司的人都知道李嘉誠不喜歡這樣的「好事」，仍然建議他這是個無本生意，就算不做，把它租給別人也能大賺一筆，但李嘉誠還是放棄了。後來那位首相來找李嘉誠，問他為什麼不要牌照，李嘉誠招架不住，於是決定另建一棟房子，在酒店外面讓其他的人做賭場，至於牌照，首相愛給誰就給誰吧！這就是李嘉誠。由此可以看出，李嘉誠賺錢是有原則的，能賺錢當然很好，但是對人有害的事他寧可不做。

行動指南

一位有智慧的企業家就應該懂得有所為、有所不為的哲學，知道哪些錢該賺，哪些錢不應該染指。懂得取捨之道，才能真正把企業引向正確的方向，也才能締造一個真正的現代企業。

第3週 Fri.

放棄眼前，才能收穫長遠

世界就是這麼富於哲理，愈懂得放棄，就會得到愈多回報，事業也更容易達到巔峰。

——《李嘉誠富與貴的哲學》

背景分析

一九九九年十一月，英國沃達豐電信公司（Vodafone）欲動用巨資收購德國曼內斯曼公司

⓮因當時李嘉誠是巴拿馬最大的海外投資商，該國政府遂以贈予賭場執照表達謝意。

（Mannesmann）超過一半以上的股權。面對這種惡意收購行為，曼內斯曼強烈抵抗。作為曼內斯曼公司最大的股東，李嘉誠擁有每股十點港元、百分之二的股權，按照這個持股比例，李氏集團理所當然是這起收購案中雙方極力爭取的人。果然，十一月二十三日晚，英國某組織便將「傑出人士獎章」頒發給了李嘉誠，其用意不言而喻：為沃達豐拉票。

其實，單就這次收購來說，不論是沃達豐還是曼內斯曼，不過是棋盤上的棋子。在這場沒有硝煙的戰爭中真正的贏家不是他們，而是李嘉誠。有權威專家作了一次分析：如果以沃達豐的收購價來算，李嘉誠手上的曼內斯曼的股份將會出現幾何倍增，即增值達到三百一十八億港元。這種誘惑豈不是名利雙收？然而，李嘉誠卻恪守原則，不為名利所動。就在頒發傑出人士獎章的那天晚上，和記黃埔董事會對外聲明，和記黃埔將不遺餘力堅決支持曼內斯曼抵抗惡意收購。對這一聲明，李嘉誠的解釋是：和記黃埔與曼內斯曼共同發展將有更大的發展空間，再說，沃達豐提出的收購價與和記黃埔長遠的發展策略相比，根本沒有吸引力。

這就是李嘉誠的經營哲學。商人的目的就是獲取利益，但有時候為了企業的長遠利益，有必要放棄一些眼前的利益。這就需要為商者抵抗住眼前名利的誘惑，以長遠的眼光來指導行動。

行動指南

放棄也是一種策略，只有放棄眼前的蠅頭小利，才能立足長遠，獲得更大的利益。

無論哪一行都商機無限

只要善於學習和調整經營策略，看準事業的亮點，無論哪一行都商機無限。
——《李嘉誠經商智慧全書》

背景分析

凡經商之人都有一句感慨：做生意就怕入錯行。言下之意是說，入行做生意要選擇自己擅長的行業，如果選擇錯誤，那麼不但不會成功，反而有可能遭遇徹底的失敗，血本無歸。然而李嘉誠不這樣看，他說，只要善於學習和調整經營策略，看準事業的亮點，無論哪一行都商機無限。

李嘉誠早年喪父，十四歲時便被迫輟學，成了家裡的頂梁柱。起初，李嘉誠在舅父的鐘錶公司裡當學徒，後來他改做推銷員，年少的他就是在這樣艱苦的環境中成長的。

一九五〇年，李嘉誠創辦了自己的公司——長江工業有限公司。懂得珍惜的他更是把全部精力都投入到了塑膠廠中，他以優質的塑膠花敲開了歐洲市場的大門，「塑膠花大王」的美譽因此蜚聲中外。爾後，他把目光轉向了當時不被看好的房地產業。在他的悉心經營下，李氏集團的房地產投資取得了巨大的成就，成為香港最大的房地產發展商。或許這在別人看來簡直是奇蹟，但對李嘉誠來說，卻是再正常也不過了。在哪一行都能成功，只要看準了就放手去做。後來李嘉誠又涉足金融、酒店、石油、電力等產業，並把觸角伸到了世界各地。多元化經營在別人來看是塊燙手山芋，李嘉誠卻在各個領域中均獲得了成功。只要看準事業的亮點，不斷調整經營策略，成功是遲早的事。

行動指南

三百六十行，行行出狀元。每一個行業都充滿機遇，只要肯鑽研、肯學習，在任何領域都能致勝。

第4週 Tue.

關鍵是眼光

付出就想馬上有回報——適合做鐘點工；期望能按月得到報酬——適合做打工族；耐心按年度領取年收入——是職業經理人；能耐心等待三到五年——適合做投資家；用一生的眼光去權衡——你就是企業家。

——《李嘉誠投資語錄》

背景分析

李嘉誠被譽為先知，他知道什麼是值得投資的。只要他看準的，他都非常大膽，捨得花錢；但他又能克制自己，靜觀其變。這其中的關鍵就是眼光精確。

一九七二年，香港股市大旺，恒生指數節節攀升。李嘉誠便藉著這個大好的時機，把長江實業的股票按照每股溢價一港元公開發售，上市不到二十四小時，市值就翻了一倍多。李嘉誠被稱為亞洲版的巴菲特（Warren Edward Buffett），但是與巴菲特不同的是，李嘉誠更像一名基金經理，他遵循的不是「長期持有」的原則，而是「低進高出」的買賣方式，所強調的是把握準確的時機。

行動指南

股市講求「人棄我取，低進高出」的策略思想，但操作者要練就一雙火眼金睛，才能決定什麼時候取、什麼時候出。眼光很重要，無法準確掌握則適得其反。

在合作中壯大自己

我有很多合作夥伴，而且合作後仍有來往。比如投得地鐵公司那塊土地，是因為知道地鐵公司需要現金……你要首先想對方的利益，為什麼要和他合作？你要說服他，跟自己合作，大家都有錢賺。

——《李嘉誠全傳》

背景分析

在長期的商業交往中，李嘉誠最擅長的就是與朋友合作。很多人也樂意和李嘉誠合作，原因是李嘉誠總能讓對方有利可圖，在帶給別人財富的同時，也壯大自己。

與李嘉誠長期合作的有船王包玉剛、房地產巨頭李兆基和賭王何鴻燊等。在日常合作過程中，李嘉誠一方面使合作夥伴得到了實際的利益，另一方面也樹立了自己在合作中的主導地位，成為合作中的大贏家。譬如在與船王包玉剛合作收購九龍倉時，由於包玉剛做事圖光明正大，和置地公司公開競價，置地是何等的龐大，要想將其完全制服，需何等的財力！就在雙方明爭暗鬥的過程中，李嘉誠悄然低價購進了置地百分之十的股票，然後再將這些股票原價賣給了包玉剛，包玉剛得到這甘霖般的支援，便一舉成功。滴水之恩當湧泉相報，包玉剛也是個知恩圖報之人，在李嘉誠收購和記洋行（即和記黃埔）時，他亦大力資助了李嘉誠。

在巨利前，李嘉誠能不為利益所動，而且忍利取義，因此有許多人都願意跟他合作。

行動指南

競爭的最高境界是雙贏，只有在競爭合作中企業才能長遠發展。

第4週
Thu.

最重要的是要有遠見

好的時候不要看得太好，壞的時候不要看得太壞。最重要的是要有遠見，殺雞取卵的方式是短視的行為。

——李嘉誠給年輕商人的九十八條忠告

背景分析

一九七八年，李嘉誠悄然進軍英資公司。他首先買入一家老牌英資公司「青洲英坭」⑮的股

⑮青洲英坭為一八八七年創設於澳門青洲的香港上市公司，專營水泥及混凝土的製造與採集業務。

票，因為他察覺青洲英坭在紅海[16]一帶有幾十萬平方公尺的土地，到了一九八〇年代，這裡的價值將不可估量。果然不出所料，在他持股數達到百分之二十五時，他出任了該公司的董事，翌年待股權比例達到百分之四十以上時，他穩坐該公司董事會主席的位置。[17]

香港地產業經過了初期的無人問津，到後來前景無限的發展過程，很多人因缺乏這種判斷眼光而和房地產業興盛過程中的機會失之交臂，李嘉誠卻成了佼佼者。當時李嘉誠收購了無數別人不要的地盤，看起來他是在和未來賭博，但李嘉誠還是堅持自己的主張。地產市場的微小起伏，對整個經濟潮流的影響幾乎可以忽略不計的，但香港人多地少，扼住房地產業的喉嚨不出手，伺機而動，勝利就是遲早的事。誰贏誰輸，那要看誰的眼光更長遠，李嘉誠之所以成為地產鉅子，關鍵就在這裡。

行動指南

投資者不要被暫時的困難嚇倒，學會冷靜對待商業機遇，要有遠見，從長計議，堅持到最後，才是勝利者。

兩條腿走路，不摔跤

多元化是企業經營的一條穩健之路。企業唯有多元化，才能成功地避開金融風暴和其他不可控因素的衝擊。

——《李嘉誠富與貴的哲學》

背景分析

李嘉誠經商的指導思想就是穩健經營。當年李嘉誠離開塑膠花產業，投資地產業，但他並沒有因此而徹底關閉塑膠花廠。之後，香港形勢一直不太明朗，於是，李嘉誠堅持「所有的雞蛋不放在一個籃子裡」的經營哲學，先後開拓了英國、澳洲、加拿大等地的投資市場。之後又投資股票，同時還投資債券，因為投資債券與投資股票相比，風險比較低，可選擇的空間更大。這就是他「穩健中求發展，發展中不忘穩健」的策略思路。一九八〇年代末，李氏集團已然十分龐大，此時李嘉誠的精力已不夠應付這種多元化經營的局面，於是他改變經營策略，利用富有進取心的商家為他賺錢生利。雖然這樣不如親自投資獲利大，但省事省力。

⑯紅海即紅磡，位於香港九龍東南部，昔為碼頭，現已填海擴建，私人宅邸林立。
⑰之後，長江實業於一九八八年，再度以每股二十港元的價位將青洲英坭全面收購，取得該公司紅磡廠房一帶的土地使用權。

行動指南

單一化經營容易給企業造成致命的打擊，如果學會多元化經營，那麼任何單一資產的變化波動，都不會撼動整體局面。

Feb.
二月

目標管理

任何一種行業，如果有一窩蜂的趨勢，過度發展，就會造成摧殘。

第1週 Mon.

有目標的人生才有希望

年輕時，我雖外表謙虛，內心卻十分驕傲。最初我也是做苦工，但做同樣的工作，我在不斷地學習，不斷地成長。看到那些每天仍停留在同樣水準上的人，我便非常自豪。

——「李嘉誠自傳」影片內容

背景分析

李嘉誠一直都是個沉默寡言、埋頭實現目標的人。如今他已入古稀之年，其家業之大、財富之多，已是他人難攀的高峰，但他還是堅持每天早晨六點之前起床，一直忙碌到晚上十點、甚至十二點才休息。

李嘉誠之所以擁有勤奮學習的動力，是因他心中始終有下一個目標。創業之初，李嘉誠僅憑借來的五萬港元隻身赴義大利學習塑膠花技術，回香港後狂賺一千五百萬港元，從此贏得了香港塑膠花大王的美譽。一九七〇年代，有人把一塊碼頭上的土地賣給了李嘉誠，這件事讓船王包玉剛非常生氣。李嘉誠聽聞後便去見他，謙虛地說：「包老師，我知道你想要碼頭這塊地，所以，我特意替你買了。」而包玉剛亦非貪圖他人便宜之人，於是他將跑英國的那些船拆卸了之後，給了李嘉誠，這也就是著名的和記黃埔發跡的源頭。

一九六〇、七〇年代的香港動盪不安，一些富商都跑到國外，但李嘉誠堅信香港會好起來，於是他趁機大批買地，狠賺了一把。李嘉誠為人謙虛，內心卻一直有目標，正是靠著這股精神，才能將企業愈做愈大。

行動指南

所謂成功，就是實現既定的目標。所以，成功的第一步，就是設立目標。

第1週 Tue.

永不滿足

多年來，我始終有個理想，要建立一個屬於自己的天地。在這個天地裡，我可以不受任何人的束縛，一切生意、一切經營方針和經營理念都由我自己來指導和決策。我要真真正正地實現自我，發揮我的能力，我要為實現我的理想和願望重新奮鬥。

——「李嘉誠自傳」影片內容

背景分析

成功路的上，最大的敵人就是滿足。每個人都有過小小的成功，有的人志滿意得，把成功當終點，不思進取，如此便會從成功滑向失敗；有的人卻永不滿足，把成功當成新的起點，銳意圖新，如此便能從成功走向更大的成功。李嘉誠顯然屬於後者。

起初，李嘉誠在一家五金廠任推銷員，很快成為老闆最器重的人。然而，工作上剛剛打開局面，李嘉誠就跳槽進入一家塑膠製造公司，因為他清楚地意識到，塑膠製品將會成為價格便宜的大眾消費品。很快地，李嘉誠又成為塑膠公司的台柱，變成了高收入的上班族，此時他才二十出頭，在他人來看，功成名就、地位顯赫的他應該心滿意足了，然而這對李嘉誠來說，只是個開始，在他的人生字典中就沒有「滿足」二字。於是李嘉誠再一次跳槽，離開了曾經帶給他輝煌的塑膠公司，這是他人生中一次重大轉折，他也因此邁上了充滿艱辛與希望的創業之路。

一九五〇年代初，年僅二十二歲的李嘉誠創立了自己的塑膠廠，並取名「長江」，取意是：長江不擇細流，故能浩蕩萬里。而長江工業的發展勢頭也一如長江，奔流不息。

行動指南

當取得一點成績時，切忌妄自尊大，停滯不前，要知道天外有天，把目標投向遠方，這樣才能永遠享受成功的樂趣。

明確目標，有的放矢

企業的成功在於要有明確的發展目標，這樣就能夠把一切力量集中起來為此目標而奮鬥。

——二〇〇六年六月，袁樹勇在其文章中對李嘉誠管理理念的總結

背景分析

一九七〇年代起，香港經濟逐步轉入多元化模式，百業漸興，對樓房的需求激增，房地產市場逐步轉旺，李嘉誠就是在此背景下瞄準這一行的。李嘉誠始終堅持自己定下的目標，採用迂迴包抄的戰術，先在地價較低的市區邊緣和新興城鎮拓展，等具備了一定的資金實力後再挺進中區，與當時香港房地產老大置地直接對壘。在與置地企業過招時，李嘉誠就放話要超越置地企業，但那時無人相信李嘉誠的狂言，後來，李嘉誠扎扎實實地把置地這個巨無霸掀翻了，果真實現了他的目標。他這種不達目標不甘休的信念，再一次令人嘆服。直到那時，人們才真正感覺到李嘉誠氣吞山河的氣魄。

胸無大志，缺乏執著精神，僅滿足於蠅頭小利者，是不會有成就的。有大志未必能成大富，但成大富者必定有大志。小富即安，沒有進取的動力，成不了大氣候。

行動指南

一個人的成功，需有明確目標，在沒有目標或目標模糊的情況下，必會與成功失之交臂。

第1週 Thu.

找到自己的目標

做生意時一通百通，不是每一樣都要學，最緊要的是要追求最新的知識和最新的商業動態，因為每一天都在變。

——〈過猶不及知止不殆：李嘉誠答問〉

背景分析

大學生就業一直是個嚴重的社會問題，每年都有大批大學生從學校走向社會，如何覓得一份好工作，找到自己的人生目標，真正發揮大學生應有的價值，已成為很多人關注的焦點。對此，曾有人問李嘉誠，能不能指點一下學生們如何正確地找到目標，然後努力奮鬥、實現。李嘉誠回答，如今社會變化非常快，知識更新更是如此，但在學校裡學的始終是有限的，只有盡量追求新的知識，即便在畢業後也要時刻學習新知，而且要能融會貫通，如此才能和社會發展同步。

李嘉誠本人也是這麼做的，他時刻關注最新的商業、知識動態。他最初從五金行業成功跳槽到塑膠行業起便不斷學習，把握相關動態並成功淘到第一桶金，就是這個問題的最佳答案。

行動指南

目標使我們產生動力。你給自己定下目標之後，目標就會在兩個方面起作用：它是努力的方向，也是對你的鞭策。

第1週 Fri.

矢志不渝地堅持實現目標

本集團堅持、矢志不渝之目標，是成為一家基礎廣大，而主要業務以及控股權利中心仍牢固植根於香港的國際性集團。

——一九八六年，李嘉誠於和記黃埔年度業務報告中的談話

背景分析

一九八六年，李嘉誠的和記黃埔捷報頻傳，業界評論它已成為除了銀行之外，香港最大的多元化投資貿易公司。面對外界的各種讚美，李嘉誠在其業務報告中指出：「本集團堅持、矢志不渝之目標是成為一家基礎廣大，而主要業務以及控股權利中心仍牢固植根於香港的國際性集團。」

為了達到國際性集團的宏偉目標，李嘉誠採用了諸多有效的戰術。自一九八〇年代後半期以來，李嘉誠就調整了以前在香港進行的長期收購活動，把主要精力放在企業的自身組織結構、業務調整和進一步提升業務國際化的比重等有關企業經營方面的政策制定上。

透過這些措施，不僅理順了集團內部的業務分工和利潤分配，也為日後新的投資奠定了基礎。此後，李嘉誠在和記黃埔的集裝箱碼頭以及電信業務上加大了投資力度，使整個業務呈現多元化的格局，統率著李氏王國在商業戰場中縱橫馳騁，在全球大商戰中進行全面行動。

行動指南

領導者要給企業制定一個宏偉的發展目標，並採用可操作性的策略，使之得以實現。

沒有辦不到，只有想不到

力爭上游，雖然辛苦，但也充滿了機會。我們做任何事，都應該有一番雄心壯志，立下遠大的目標，用熱忱激發自己幹事業的動力。

——李嘉誠給年輕商人的九十八條忠告

背景分析

一九五七年的一天，李嘉誠在一本雜誌上發現了一則消息：有一種叫塑膠花的裝飾品傾銷至歐美市場，在一定時期內，這種商品將成為市場的寵兒。李嘉誠心中激情澎湃，遂決定進軍塑膠花市場，一個宏偉的目標在他心中誕生了。但如何生產出這種東西，李嘉誠也不懂，因為這種熱銷的產品，生產技術早被廠家保護得好好的。然而強烈的欲望刺激著李嘉誠的神經，不入虎穴焉得虎子，他決定去義大利一探究竟。

至於要如何做才能夠敲開義大利廠家的大門呢？李嘉誠想出了一個好辦法，那就是成為這家公司的工人。在他精心策畫下，如願進入了這家公司，所負責的工作是清除廢品廢料，就是推著小車在廠區的各個工段來回走動，以便隨時回收廢品廢料。或許這就是上天賜予李嘉誠的機遇，他一邊推著小車，一邊仔細觀察整個生產流程。為了不讓對方看出破綻，李嘉誠把工作做得非常出色，經常受到工頭的誇獎。而下班之後，他便急忙趕回住所，把一天的所見所聞一五一十地記錄下來。

經過一段時間，整個生產流程李嘉誠都熟爛於心了，但核心技術他還無法得知。李嘉誠心生一計，能否透過朋友關係得知一二呢？於是，他利用假日時間，把一些新結識的朋友請到中國菜館來吃飯，這些朋友都是某一生產線上的技術人員。席間李嘉誠推心置腹地說，自己想到其他廠應聘技術工人，如果能多了解點技術方面的東西，那就再好不過了。那些朋友經不住李嘉誠的熱誠，或多或少向他透露了最為核心的技術機密。如此，李嘉誠才對整個生產流程和技術有所了解，也基本上悟出了塑膠花製作配色的技術要領。

至此，李嘉誠完成了去義大利的使命。回國後，他馬上召集公司技術部門的人員開會，宣布長江工業往後發展方向就是塑膠花，一定要使塑膠花成為長江的熱銷產品，進而使長江塑膠廠成為產業的領頭羊。

行動指南

只有想不到的事，沒有辦不到的事。只要肯下工夫、肯努力，就會有收穫。

心中的標靶

我們做任何事，都應有雄心大志，立下遠大目標，才有壓力和動力。

——一九七一年六月，於長江地產有限公司第一次高層會議上的談話

背景分析

一九七一年六月，長江地產有限公司正式掛牌成立，李嘉誠開始集中人力、財力、物力發展房地產業。在公司成立後的第一次高層會議上，李嘉誠鄭重宣布：長江實業不光要學習置地公司的成功經驗，還要超過置地的規模。李嘉誠的目標剛一提出，股東立即發出質疑，可是李嘉誠卻非常自信，他認為，但凡那些有卓越成績、經受過磨礪的企業，無不是由小到大、由弱到強發展起來的。當年赫赫有名的遮打爵士（置地的創始人之一）從英國隻身來到香港，還不是一介貧寒之士，但他靠自己的勤奮努力，瞄準目標，終於成就了巨富的神話。長江實業應該有置地的決心和毅力，只要立下遠大志向，將壓力轉化為動力，一樣可以達到目標。

李嘉誠的這番豪言壯語並非信口開河，而是經過深思熟慮、有的放矢。他把置地企業當成了目標，在心理上先把置地打敗，再將其超越。後來的事實證明了李嘉誠的能力，置地企業這個巨無霸終於被他扳倒，這種不達目標不甘休的王者風範也在業界傳為佳話。

行動指南

每個成功的人都會設立目標。就如同射擊，你看不見一個靶，如何還能集中精力射中呢?!

第2週 Wed.

步步為營

作為投資者，我們應該確定自己開拓發展的原則方略，堅定地前行，而不應只顧眼前利益，為暴利所動，偏離原則的航道。

——《李嘉誠經商智慧全書》

背景分析

能從股市全身而退的人向來很少，這主要還是人們的欲望使然，在暴利面前，理性往往不敢衝動。李嘉誠則不同，他認為，作為一個投資者，應該有自己開拓發展的原則和方略，堅定地前行，而不應被眼前的利益局限，為暴利誘惑。

一九七二年十一月一日長江實業正式掛牌上市，由於天時地利，再加上李嘉誠的細心籌謀，一經上市，公司市值增幅便達一倍多，這是李嘉誠事業的一次大飛躍。上市之後，他穩紮穩打，步步為營。李嘉誠在企業經營中不過分追求高利潤，不因利潤高而偏離了原先的方向，他精心策劃好每一步，走的是穩健發展之路，終於使長江實業在股市中紮住根基，平穩前行。

行動指南

作為企業家，不應只顧眼前利益。偏離軌道也許會賺一、兩次，但沒有自己的目標而隨波逐流，終不是成大器者所為。

第2週 Thu.

十年耕耘，一朝收穫

我認為勤奮是個人成功的要素，所謂一分耕耘，一分收穫，一個人所獲得的報酬和成果，與他所付出的努力是有極大的關係的。運氣只是一個小因素，個人的努力才是創造事業輝煌的最基本條件。

——李嘉誠給年輕商人的九十八條忠告

背景分析

在北京，王府井有著極其重要的商業地位，就如上海的南京路、香港的銅鑼灣，歷來是商家必爭之地。但由於王府井特殊的地理位置，使得其成為商家欲求而不可得的地方，要想在王府井覓得一間鋪面，可不是一件容易的事。一九九二年下半年，北京市政府聲言可以考慮與外商合作，共同進行王府井的舊城區改造工程，一夜之間，無數雙眼睛都投向了這塊塵封已久的土地，意味著在這塊寸土寸金的地方，商家終於可以獲得大面積的土地使用權。一時間香港大財團蜂擁而至，個個都削尖了腦袋往裡擠，試圖分一杯羹。

二〇〇二年，這個金礦最終由李嘉誠與郭鶴年❶聯手獲得，新財團獲得王府井舊址的發展權，並興建了超級商業購物中心——東方廣場。李嘉誠最終能辦妥此事，歸功於多年來在中國耕耘（捐贈與投資）的結果，十年耕耘，一朝收穫，實現了自己的目標。

行動指南

商人要懂得積累資源，而不是臨陣磨槍。功課做足了，實現目標只是時間的問題。

第2週
Fri.

事在人為

風水這個東西，你要信也可以，但最終還是事在人為，重要的是自我充實。做好自己的工作，相信很多本來認為不可能的事可以轉變為可能，眼光放大放遠，發展中不忘記穩健，這便是我做人的哲學。

——《李嘉誠經商自白書》

背景分析

「事在人為」是李嘉誠的人生格言，也是他不達目的誓不甘休的動力源泉。很多商人迷信風水，做生意、辦事情都要選好日子，李嘉誠卻對這一套不在意，他向來只信事在人為，不太在意迷信的說法。一九五五年，李嘉誠成立了一家工廠，接下了幾個月的訂單，買了新機器，就差廠房了。他看準了一家正處於倒閉邊緣的工廠的廠房，很多人勸李嘉誠不要買這間廠房，因為只要在這間廠房經商過的，沒有一個是賺到錢離開的。但李嘉誠不信這個邪，他買下了這間廠房。開工後，李嘉誠小心經營，生意相當不錯，一個月內就把全年的經營費用都賺到了。不到一年，隔壁的兩家工廠相繼倒閉了，李嘉誠乾脆把這兩家廠的廠房也都租了下來，之後一直經營得有聲有

❶郭鶴年為馬來西亞企業家，以經營白糖起家，有「亞洲糖王」之稱，投資多在香港，遍及酒店、商場、豪宅等。

色。後來他在其他地方買了地、蓋了新房子，才從這裡搬出去。由此看來，風水是自己給自己下的咒，會不會被這個咒左右，完全看自己的經營能力了，所謂事在人為，就是這個道理。

行動指南

目標制定後就要堅定不移地去執行，不能因為外界的某些干擾而打退堂鼓，事在人為，沒有戰勝不了的困難。

第3週
Mon.

看利益要立足長遠

企業是為股東謀取利潤，但應該將其堅持為固定文化，這是經營的其中一項成本，也是企業長遠發展的保證。

——李嘉誠給年輕商人的九十八條忠告

背景分析

大商人和小生意人之間的不同，就在於大商人有長遠的目標，有時候甚至犧牲眼前好處，以獲得更多的長遠利益。

一九七八年，榮毅仁❷的兒子榮智健移居香港，後擔任中信❸香港的副董事長兼總經理，李嘉誠出任董事。榮智健雄心勃勃，想創立一家完全由自己掌控的公司，作為世叔的李嘉誠像扶持自己兒子一樣，時刻關注著榮智健的事業發展。為了進一步擴大事業，李嘉誠和榮智健不約而同地提出了一個方案：借殼上市。兩人幾經權衡，最終相中了泰富發展作為這個殼。

泰富發展當時市值是七億二千五百萬港元，其前身是新景豐發展，後來經過幾次改組，最終由毛紡鉅子曹光彪掌握著控股權。一九八八年八月，曹氏掌握著泰富發展百分之五十點七的控股，而且把公司經營得有聲有色。曹光彪的重點專案是港龍航空，當時太古洋行❹的國泰航空在業界已是龍頭老大，這場空中爭霸戰打得異常激烈。但最終的結果是曹氏不敵，財務告急。為擺脫困境，曹光彪不得不進行企業減肥。此時李嘉誠委派百富勤❺（當時的主席正是英籍高參杜輝

❷榮毅仁，中國資本家，曾任中國國家副主席，為民族資本家榮健生之子，家族於清末時即在上海、無錫一帶擁有麵粉廠和棉紗廠，政商勢力雄厚。

❸中國中信集團有限公司（CITIC Group Corporation），為榮毅仁於一九七九年在鄧小平的許可下創辦的金融公司。

❹太古洋行（Swire Pacific Limited），隸屬英資太古集團，旗下企業有可口可樂、國泰航空、太古地產等。

❺百富勤（Peregrine Investments Holdings Limited），香港投資家梁伯韜與杜輝廉於一九八八年所創辦的銀行，因獲得多位富商支持而迅速擴展，但在一九九七年的亞洲金融危機時陷入困境，最後由法國巴黎銀行（BNP Paribas）承接業務，改名為法國巴黎百富勤。

廉）為中信的財務顧問和收購代表。一九九〇年一月，百富勤宣布以每股一點二港元的價格購入其在泰富發展的股份，其他小股東的股份，百富勤均以相同的價格全部收購。

泰富發展當時屬於「蚊型股」，也就是流通股少的小型股，但中信香港並不是採用現金的方式來收購，而是透過諸多複雜的換股和以物業作價的方式逐步完成收購的。當年，李嘉誠和榮智健都是港龍航空的股東，與曹光彪均有過交往，因此，這次收購是在雙方悉心協商後才開始，不論是對外還是對內，都算得上是一次互利的公平交易。

最後泰富發展經過一系列的改組、集資及擴股後，股權分配結果如下：中信占百分之四十九，郭鶴年占百分之二十，李嘉誠占百分之五，曹光彪占百分之五，泰富發展也正式更名為中信泰富，由榮智健擔任董事長。從整件事情中可以看出，李嘉誠出手只是為了要幫助榮智健完成他的心願，對自己的權益沒有過多追求，而榮智健也沒有虧待曾經幫過他的朋友，李嘉誠最終也獲取了應有的權益。

行動指南

企業不能只顧眼前利益，要立足長遠，應當具備扶持同行後輩的寬廣胸襟。

高成本下的投資目標

不要在成本高昂的市場中投資。

——《跟李嘉誠學賺錢》

背景分析

在投資方面，李嘉誠歷來堅持不進入成本高昂的市場。然而，縱觀李嘉誠在亞洲的3G業務、房地產以及港口行業等投資，無一不是大手筆，其中3G業務和港口業務都屬於高投資市場。李嘉誠在這些行業表現得極為激進，這似乎違背了他的投資原則。

其實，李嘉誠對這些高投資業務市場有自己的看法。港口建設是需要高昂投資的，而李嘉誠有自己清晰的計畫。他將亞洲的3G業務視為短期投資，短期投資的特點就是資金回籠快，既然如此，為什麼不能把這種短期投資所賺取的利潤投入到港口建設呢？也就是說，可以用3G業務短期投資賺來的利潤來養港口建設。在李嘉誠看來，這是一招上上策，他試圖透過這個策略，助推公司正在計畫的全球航運業務。其實，這種以此養彼的策略在商界並不鮮見，只要股市一路長紅，電信股上市就可以沸沸揚揚地展開；只要一次股票上市成功，就能把所有的投資成本都收回來，且通常還能有大量盈餘。這樣就成功地打破了高投資市場的資金瓶頸。

從這個角度來說，李嘉誠似乎有短期炒作的嫌疑。然而就策略上來談，李嘉誠這麼做是在為實現目標布局。實現目標無法一蹴而就，而是逐漸累積的結果，正所謂量變引發質變，此即為很好的印證。

行動指南

投資者切忌在高成本下投資，那樣將會愈陷愈深，離既定目標也就愈遠，甚至會被套牢。

第3週 Wed.

讓第二變第一

很多人常常有一個誤解，以為我們公司快速擴張是和壟斷市場有關，其實我們公司跟一般小公司一樣，都得在不斷的競爭中成長。

——二〇〇二年十二月十九日，於長江商學院❻「與大師同行」系列講座上的談話

背景分析

很多人誤以為李嘉誠的企業快速擴張和壟斷市場有關，他卻認為自己的公司在不斷的競爭當

中成長茁壯，和其他公司沒什麼兩樣。唯一不同的是，無論做什麼行業，他都會努力成為第一。和記黃埔總裁霍建寧說得更為直接：「和記黃埔在任何行業都是領導者，不做跟隨者。」

那麼，如何才能讓第二變成第一呢？李嘉誠認為有五個步驟：一要知己知彼，唯有如此，才能取勝。做任何決定之前，先了解自己的條件和對手的情況，然後再決定自己的選擇。二要學識廣博，磨礪眼光，提高判斷力。科技不斷進步，要想走在行業隊伍前列，就要緊跟時代步伐，甚至還要超前幾步。三是設定座標，和記黃埔集團公司的業務遍布全球四十一個國家及地區，所以公司的架構及企業文化，得考慮到各地員工的不同情況。四是要有毅力，同時要注意減少一切可能導致失敗的因素，這可是成功的基礎。五是建立個人和企業良好的信譽，這是資產負債表中見不到的，卻是公司最重要的資產，他人無法複製，亦是企業賴以生存的根本。

只要認真做好以上五個步驟，由第二變成第一便指日可待。分析李嘉誠的每一次投資計畫，即可發現他大都是按照這五個步驟做的。

行動指南

每個成功者的經驗都是獨特的，又是具有普遍性的。他們在思考問題的過程中存在著共同的

❻長江商學院為二〇〇二年由李嘉誠基金會籌辦的非營利教育機構，設有學位教育（MBA、EMBA）和非學位教育（高層管理教育），於北京、上海、深圳均有校區。

規律和方法，只要認真研究，就可以找到適合自己的經營之路。

第3週
Thu.

反其道投資

任何一種行業，如果有一窩蜂及過度發展的趨勢，就會造成摧殘。

——「李嘉誠自傳」影片內容

背景分析

李嘉誠認為，與電信業相比較，港口行業的吸引力就遜色多了，是一個不被投資商看好的行業。但從經營的角度來分析，港口業務是具有很大贏利空間的行業。正如和記黃埔公司董事總經理霍建寧所說的，港口是和記黃埔業務最繁忙的部門，它為公司提供了源源不斷的現金流。其實，李嘉誠的目標是讓和記黃埔控制物流的整個過程，透過對物流的全程管理，和記黃埔能獲得可觀的利潤。和記黃埔不但要成為物流運營商，還要成為管理諮詢專家。例如，把中國的磁帶機從廠家運到其他國家和地區，整個過程公司賺取的利潤遠不只是附加的手續費。在李嘉誠的投資指導下，和記黃埔從白熱化的電信市場角逐中退出的同時，在無人問津的港口業務上反其道而行，投下賭注，最後贏得了勝利。

行動指南

投資者要練就一種眼光，在大家蜂擁而上的時候及時撤退，改換目標。因為很多時候，被低估的板塊孕育著更大的機會。

第3週 Fri.

一輩子做對人民有益的事

一輩子做對中國人民有益的事，乃是我的基本夙願。

——《中華魂》雜誌

背景分析

李嘉誠經常對媒體說，身為炎黃子孫，就必須有一種奮鬥自強的精神，自己發達了，不能忘了家國，一定要回報國家和養育了你的那片土地。一輩子做對國家有益的事，是他的基本夙願。他幾乎用一種極為樸素的話表達了他對國家的赤誠。

一九七九年，李嘉誠回到離別了四十多年的故鄉潮州，當時中國百廢待興，潮州當然也不例外。那天，有很多鄉親都前來看這位榮歸故里的名人，道路兩旁站滿了人潮，細心的李嘉誠發現許多人衣衫襤褸，居住的房舍破舊不堪，令他百感交集。喝水不忘挖井人，從那一刻起，他就許下心願：該是回報的時候了。李嘉誠先後為家鄉捐建民房、醫院，還開辦學校，設立基金，捐建韓江大橋、潮汕及潮州體育館，後來還修建了開元古寺等。這些都寄託了他的「赤子心，桑梓情」。

行動指南

一份真誠，一份夙願，做對人民有益的事，才能得到尊重。

第4週
Mon.

兵不血刃，蛇吞象

經營一家較大的企業，一定要意識到很多民生條件都與其業務息息相關。因此審慎經營的態度非常重要，比如說若有個收購案，所需的全部現金便要預先準備好。

——二〇〇七年，接受《商業周刊》和《全球商業經典》的採訪

背景分析

李嘉誠的長江實業收購和記黃埔時，還只是一家資產不到七億港元的中小型公司，而和記黃埔卻是聞名香港的第二大英資洋行，資產價值高達六十多億港元，結果李嘉誠兵不血刃，便掌控了和記黃埔。

一九七九年，《遠東經濟評論》❼把李嘉誠稱為香港的超人，自此，「李超人」的稱號便在商界流傳開來了。一九九九年，李超人的次子李澤楷旗下的盈科數碼僅以二千零六十三億港元就併購了實力雄厚的香港電訊，再次創造了「蛇吞象」的奇蹟，李澤楷遂成為名震商界的「小超人」。

李嘉誠曾說過，審慎是一門藝術，但它並不是優柔寡斷、停滯不前的藉口。事實上，他的每次超越都需要極大的勇氣。只不過，他為冒險加了一道安全門——做足準備工作、量力而為、平衡風險。

❼《遠東經濟評論》（*Far Eastern Economic Review*，*FEER*），一九四六年於香港創刊，專門報導亞洲政經訊息及時事。

行動指南

經營事業時，審慎的態度非常重要。但是在不確定的環境中，領導者的冒險精神則非常珍貴，只有敢於下大賭注，才能賺大錢。這裡指的冒險並非不講條件地蠻幹，而是以思考制勝的冒險，它可讓企業在複雜多變的商海中挺立不敗。

第4週
Tue.

有了目標，就不再猶豫

不必再有絲毫猶豫，競爭是搏命，更是鬥智鬥勇。倘若連這點勇氣都沒有，談何在商場立足，超越置地？

——李嘉誠給年輕商人的九十八條忠告

背景分析

李嘉誠在地產業積累了不少經驗，他覺得是改變形象的時候了，於是新的目標誕生了：進軍港島中區。

一九七六年下半年，香港地鐵公司發布了一則招標消息，這一消息瞬間被媒體炒得沸沸揚揚，當時有不少實力雄厚的企業參與競標，長江實業也是角逐者之一。香港中區地價高昂，一塊地要數億至十多億港元才能拿下，如此巨額數字非長江實業的財力所能承擔。然而，不敢參與並不代表沒有夢想，為了能得標，李嘉誠在夢中都在計劃著每個步驟。

最後，李嘉誠以頗具殺傷力的氣魄力挫群雄，成功得標。古語云：「欲將取之，必先予之。」他首先滿足地鐵公司對現金的急切需求，承諾由長江實業提供全部建築費，建成後再將商廈全部出售，獲利由地鐵公司與長江實業共同分享。按常理，分享部分利益應該是各拿一半，但李嘉誠打破常規，讓地鐵公司占百分之五十一，長江實業則少了一個百分點。民間有句俗語：「捨不得孩子套不住狼。」李嘉誠破釜沉舟，用讓利的方式進行最後的較量。一九七七年四月五日，香港媒體無不爭相報導「長江實業擊敗置地」這最終的得標結果。一度被三十個大財團爭相競投的中區地王，最後被長江實業一舉奪得。

行動指南

多一些堅持，少一些猶豫，成功會離你更近一些！

瞄準有利目標

對於有可能爭取到的顧客，要堅持到底，不達目的誓不甘休。對於那些根本沒可能做成生意的客戶，則應當機立斷，絕不磨蹭。

——《成就李嘉誠一生的八種能力》

背景分析

李嘉誠年少時，曾在五金廠做推銷工作。最初他向雜貨店推銷鐵桶，但收效甚微，他覺得按原先的推銷老套路走，很難有突破，必須另尋他法。經過一番分析後，他決定瞄準酒樓旅店這類客戶，直接向他們銷售，因為酒樓旅店是購進鐵桶的大客戶。當時，推銷員直接到酒樓旅店推銷的不多，但這種方式有著無可比擬的優勢：首先，直銷的價格是出廠價，比客戶到市場上去買便宜；其次是可以送貨上門，為客戶節省時間和精力。俗話說：「一招鮮，吃遍天。」李嘉誠這招一出，便大獲成功。

李嘉誠曾經向一家旅店一次推銷了一百多只鐵桶，這在當時是不可思議的業績。但是酒樓旅店的數量有限，鐵桶又經久耐用，客戶買上一次，要間隔很長時間才會購買第二次。要如何擴大業務呢？李嘉誠轉而關注家庭散戶。他發現，當時高級住宅區的住戶大多都在使用鋁桶，很少有人買鐵桶。

李嘉誠繼續轉移目標，瞄準了中下層居民區。問題是，家庭散戶對鐵桶的需求量屈指可數，一戶家庭最多也就使用一、兩只鐵桶，其購買量遠遠低於酒樓旅店。

然而，世事就是如此這般，有缺憾的一面，就會出現有利的一面。家庭散戶的購買量雖然少了點，擴散到群體的數量卻非常龐大。方向有了，只是面對茫茫散戶，如何占領這一個特殊市場呢？李嘉誠又陷入了迷惘。

為了尋得答案，他常常徘徊在居民區附近。有一次，他偶然間看見幾個老太太圍坐在一起，一邊做手中的活計一邊聊天，這幅景象讓他茅塞頓開，於是決定專找老太太賣桶。李嘉誠當時是這麼想的：只要有一位老太太買了一只鐵桶，那就等於賣掉了一批，因為老太太們都喜歡串門子，她們無形中就成了自己的義務推銷員。李嘉誠這招果然產生了神奇的效果，讓他的銷售業績突飛猛進。

行動指南

目標要有彈性，能隨著局勢的變化適時調整。

學會忍受

人生自有其沉浮，每個人都應該學會忍受生活中屬於自己的那份悲傷，只有這樣，你才能體會到什麼是真正的成功，什麼叫真正的幸福。

——《成就李嘉誠一生的七種心態》

背景分析

李嘉誠在少年時曾算過一次命，算命說他生辰屬龍命，若勤勞苦幹、堅持不懈，將來定會大富大貴。李嘉誠不相信算命之說，卻相信勤能補拙，經得起苦難的煎熬，方能達成心中的目標。

當年做推銷員時，李嘉誠每天都背著一個裝有樣品的大包，不是乘巴士，就是坐渡輪，走街串巷，異常辛苦。李嘉誠身體不算強壯，看起來像個文弱書生，但他每天都背著這個大包四處奔波。李嘉誠認為這是值得的，他說：「別人做八個小時，我就做十六小時，笨鳥先飛，剛起步別無他法，只能以勤補拙。」他一生都躬行不輟，還常常以此告誡子女。

行動指南

要想達成目標，學會忍受是至關重要的。成功者並不一定是天資最佳的人，但一定是那些肯下苦工夫、艱苦奮鬥的人。

順應時勢

順應時勢，趁勢做局。

——《李嘉誠做大的十二字箴言》

背景分析

一九四〇年代後期，大批中國人湧向香港，使香港人口從一九四〇年代初的五、六十萬人，一下子激增到一九五〇年代的兩百萬人。這些人給香港帶來了大量的資金、技術、勞力，香港本地市場容量也因此擴大了許多。但由於中國形勢不安定，當時的香港到處都充斥著謠言，人心惶惶。儘管如此，李嘉誠還是對香港的前景持樂觀態度。而且他堅信，要想創立自己的事業，這正是最佳時機，如果錯過了這個千載難逢的機遇，肯定遺恨終生。

李嘉誠是個善於把握機遇的人，當年他創辦長江工業時，正值抗美援朝戰爭爆發，所有的對華貿易進出口通道統統被封鎖了，香港獨有的轉口貿易地位一落千丈。為了恢復香港的這項優勢，香港政府當即調整了產業政策，使香港的進口貿易經濟迅速向加工貿易轉型。後來事實證明，這種轉型是正確的，而且加工貿易已成為香港的新生經濟力量。李嘉誠投身塑膠行業，就是順應了香港經濟的轉型，這種稍縱即逝的機會，被李嘉誠牢牢地掌握住了。

行動指南

機遇面前，每個人都是公平的。成功者之所以成功，就是因為他們在機遇到來的時候，能做出準確的判斷。

Mar.
三月

決策

做決策不能太快，也不能太慢，慢了就容易糾結，就容易猶豫，就容易內耗，就容易舉棋不定，就容易貽誤戰績。給自己短時間必須做決策的壓力，讓自己學會短時間高度專注，瞬間決策、本能決策、潛意識決策，這不僅是一種能力，更是一種習慣。

靠數字做決策

每一個決定都經過相關人員的研究，要有數字的支援。我對數字是很留意的，所以數字一定要準確。每次一開會就切入正題，不說多餘的話。

——二○○六年與香港中文大學EMBA學生對話

背景分析

沒有數字的決策，充其量就只能算是預測，因此，一個好的決策只有靠數字的支撐，才能有理有據，才是理性的決策。數字對李嘉誠來說，就是拍板定案最關鍵的依據。他的每一個重大決策，背後根據的就是無數個可靠、有效的數字。事前調查、研究好，靠數字說話，而不是信口開河。每次開會前，他都會先了解相關的事務，仔細研究大家提出的建議。各部門員工都有自己的知識和專長，這麼多人難免有不同的聲音，然而只要部屬提出有用的建議，他總是能夠很快地接納。在長江實業流傳著一段經典故事，那就是李嘉誠僅用短短兩分鐘的時間，就批准了所有同事的建議。

部屬最怕李嘉誠問和數字有關的問題。有一次，李嘉誠認為某個同事所匯報的數字有問題，但這位專業能力很強的同事非常堅持自己的判斷，還和李嘉誠打賭，賭注是一套高爾夫球桿。結果第二天，李嘉誠收到了一套新的球桿。

行動指南

決策一定要理性，不能拍拍腦袋就定案了，一定要用數字做依據，這樣得出的結論才能經得住推敲。

第1週 Tue.

有所選擇，有所放棄

永遠不要忽視或遺漏任何合法的擴張機會。但另一方面，商人也永遠要保護自己，不致受誘惑。如果事先缺乏充分的判斷及考慮，就會作出盲目的擴張計畫。

——《李嘉誠經商智慧全書》

背景分析

二〇〇一年八月，和記黃埔計畫投入五十億美元來發展德國3G事業，這五十億美元鉅款原本是六家國際財團（包括和記黃埔）用來競投德國3G的六份營業執照的全部費用。但是，就在所有參與專案的員工躊躇滿志、準備大幹一場時，李嘉誠卻指示總經理霍建寧放棄這個案子。在別人來看馬上就能帶來利潤的好事，就這樣被擱淺了。但對李嘉誠而言，如果一件事勝算的概率太小時，就應該及時放棄，然後再伺機而動。

經商和做人是同一個道理：魚與熊掌不可兼得，要想有所成就，就必須有所選擇、有所放棄。他把這種難能可貴的人生智慧運用到了經商上。李嘉誠在商界的成功，可說是他非凡的人生智慧所造就的。

行動指南

迅速抓住機遇是考驗領導者決策能力的一個重要標準。但當機遇還是模稜兩可時，適時做出放棄的決定，更能顯示出領導者的遠見。

第1週 Wed.

隨機應變

不對路就要變，永不拘泥於某一既定的事實，隨機應變。

——《厚黑學新商經》中對李嘉誠經商之道的總結

背景分析

對經商者而言，覓得商機就是找到財富。而機會總是偏愛有準備的頭腦，李嘉誠熟諳行業興衰更替的規律，且能隨機應變找到改變時局的轉機，使他能在商海自由發揮。

一九五〇年夏天，李嘉誠籌集了五萬港元開辦長江工業，專門生產塑膠玩具和簡單日用品，但生意慘澹。有一次，李嘉誠在《塑膠》雜誌上看到一則消息，描述義大利公司利用塑膠原料製造的塑膠花即將銷售到歐美市場，他強烈預感到即將迎來一個塑膠花時代。於是，他滿懷信心地前往義大利學習塑膠花技術。

從義大利取經回來後，李嘉誠當即決定讓自己的公司轉而生產塑膠花。但生產塑膠花在當時的香港屬於冷門產業，面對他人的質疑，他堅信塑膠花是個光明的行業，只是還沒被大家發現。後來，就在許多同行還按部就班、亦步亦趨之際，「長江塑膠花」已迎來了春天，長江塑膠廠也因此名聲大震，實力劇增。

一九六〇年前後，塑膠花生產的鼎盛期剛過，李嘉誠又敏銳地察覺到，生產塑膠花並非長久之計，於是開始尋找新的商機。

很快地，他察覺到香港人口激增、生存空間有限、經濟發展神速、土地需求大等現象，預見地價必然暴漲，香港地產業發展前景巨大。李嘉誠再次果斷地選擇了新出路——地產業。事實證明，李嘉誠又一次找準了方向，大獲成功。

行動指南

管理者要時刻關注企業的經營方向，一旦發現與市場不吻合就要及時調整，尋找新商機。

第1週 Thu.

旱則資舟，水則資車

聰明而謹慎的商人既然知道「山雨欲來風滿樓」，那麼在經濟過熱、炒風過勁時，就應該認真研究整個市場趨勢，居安思危，該出貨時便毫不猶豫地出貨。

——《李嘉誠富與貴的哲學》

背景分析

李嘉誠在做決策時信守「旱則資舟，水則資車」的經營理念，每次都能在低檔時敢於大膽投資，且在高檔時果斷撤資。

這種投資策略給他帶來了意想不到的回報。

一九六〇年代，中國文化大革命的動亂很快就波及香港，當時許多有錢人紛紛移民國外，賤價拋售手中物業，一時之間，香港地產陷入了前所未有的低谷。此時，李嘉誠毅然決然做了一個和一般人不一樣的舉動，即在整個地產市場都在拋售的時候，他卻不動聲色地大量吃進。到了一九七〇年，整個香港地產市場逐漸呈現出一片繁榮的景象。

此時的李嘉誠已擁有大量的租賃物業，市場前景一片光明。他由最初十二萬平方英尺的租賃產業發展到三十五萬平方英尺，每年可獲得的租金收入就高達三百九十萬港元之多，李嘉誠當之無愧地成為此次地產災難的終極贏家。

正如股神巴菲特所說的：「在市場恐慌中興奮，在市場狂熱中冷靜。」李嘉誠以其過人的膽識、冷靜的思維，把在別人眼中的災難變成了自己的機遇，為他未來香港地產巨頭的地位奠定了堅實的基礎。

行動指南

準確而有遠見的預測，對於一個商人的成功至關重要。比別人更快發現商機，甚至準確地做到人棄我取，是事業成功的重要因素。

第1週
Fri.

進退自如

老子教人大智若愚，深藏若虛，凡事要留有餘地，才是待人接物的最高準則。

——《李嘉誠經商十戒》

背景分析

李嘉誠做生意向來以「保守」著稱，他信奉量力而為，認為做生意就像划船，事先一定要想：有沒有足夠的力氣由A划到B？且還有沒有力氣再划回來？

一九七〇年代，李嘉誠除了在其主營業務塑膠生意上繼續穩固發展外，還漸漸開始向香港房地產市場進軍，主要投資方向在工業大廈。後來，香港的工業前景開始變得不明朗，李嘉誠慎重考慮後果斷出手，結束了起家立業的塑膠產業，轉投入房地產市場，從而避開資金上的壓力。由於他是在賺錢時關閉工廠，給的賠償相當足夠，工人們都很開心。投資地產後，他雖然看準了房地產的樂觀前景，仍謹慎入市，採用穩健保守的方式，沒有向銀行借貸一分錢。因此，當靠銀行輸血支撐的地產商、建築商紛紛破產時，李嘉誠依然能夠穩步拓展。

俗話說：「月圓易虧，物極必反。」凡事要留有餘地，留有後路。只有這樣，才不容易失敗，即使失敗也還有轉圜的餘地，手中仍能握有反敗為勝的一線生機。

行動指南

兵家之道，一張一弛；商家之道，進退自如。進則取利，退則聚力；進必成，退亦得。

第2週
Mon.

了解你的競爭對手

做任何決定之前，我們要先知道自己的條件，然後才知道自己有什麼選擇。在企業的層次，要知道自己的優點和缺點，更要看對手的長處，依據準確、充足的資料做出正確的決定。

——二〇〇二年，於長江商學院「與大師同行」系列講座上的談話

背景分析

一九八〇年，李嘉誠以超過百分之四十的股權，成功控制了和記黃埔，順利成為和記黃埔董事會主席。

如果多了解一些細節，就會對李嘉誠佩服不已。當時李嘉誠部屬的長江實業的資產還不到七

億港元，資歷相較於和記黃埔，只算是小字輩企業，他卻以四兩撥千斤之勢，使李氏產業更上一層樓。在後續的總結中，李嘉誠把這場收購成功的因素歸結為對競爭對手的充分了解。

李嘉誠認為，商場和戰場在很多方面是相似的。在戰場上，只有做到知己知彼，才能在殘酷的戰爭中百戰不殆。商場亦如是。一個企業領導者，要能具備前瞻性眼光，把握好未來的市場態勢，悉知競爭對手盡可能多的優劣勢，才可以成為常勝將軍，傲視商場，睥睨天下。

行動指南

了解對手，才能擊中對方要害，否則將會付出相當大的代價。

第2週 Tue.

獨具慧眼做決策

現今世界經濟形勢嚴峻，成功沒有魔法，也沒有點金術，人文精神永遠是創意的源泉。企業領導必須具有國際視野，能全景思維，有長遠眼光。務實創新，掌握最新、最準確的資料，作出正確的決策，迅速行動，全力以赴。

——《聽李嘉誠講做人做事做生意》

背景分析

李嘉誠認為商業投資須順應市場，而非對抗市場，這也是李氏集團能夠多年來能在商海沉浮中一直穩步發展的原因。他在面臨市場危機時，不會惶恐失措，反而更為關注市場的變化，適時做出應變危機的決策。

在李嘉誠的創業歷程中，最值得一提的是一九七七年。當時全球剛剛經歷石油危機，資本主義國家正面臨經濟停滯，作為國際金融中心的香港也受到影響。在大環境堪憂的年份，李嘉誠及其李氏集團脫穎而出，實現了「鯉魚躍龍門」的跨越。

經過二十多年的穩紮穩打、步步為營，李氏已經完成最初的資本積累，長江實業也開始展露出實力。在危機時刻，李嘉誠一方面繼續穩固他的根本——長江實業；另一方面，他不疾不徐地以低價收購了那些急於出手的地產。因此，李嘉誠在這一年發動了聞名世界的「美資永高公司併購戰」，並力挫群雄，擊敗香港置地企業，購得中區新地王的戰役，外資在驚詫之餘亦佩服不已。自此，李氏企業開始在港島嶄露頭角，大放華資光彩。

行動指南

決策者的眼光決定了策略的結果。練就一雙慧眼，決策就多一份勝算。

善於做出正確的決策

我開會很快，只要四十五分鐘，其實這需要大家做好功課。當你提出困難時，也請你一併提出解決方法，然後告訴我哪一個解決方法是最好的。

——《李嘉誠智傳》

背景分析

李嘉誠是個非常理性的人，他的很多事後被證明都是很重要、很有價值的決策，都不是拍拍腦袋作出的，而是運用大家的智慧，再加上他敏銳的目光，最後才拍板定案。他認為開會就是群策群力地解決員工所面臨的問題，而非長篇大論地進行不必要的贅述。只要大家在會議中提出自己的問題解決方案，最後討論出最佳的方案就可以了。他把自己比喻為雜牌軍總司令，認為自己拿槍不會好過那些專業槍手，開炮也強不過專業炮手，他要做的事只有指揮！分析李嘉誠的決策案例，不難發現其中的特點：第一，決策前做充分的調查、研究和準備。每做出一個重大決策前，李嘉誠最依賴的便是數字，強調最多的就是事前的準備工作。第二，精細。李嘉誠在做任何決定的時候最看重每個數字，力求做到準確無誤。第三，民主。每次開會前，李嘉誠都要接觸和了解有關事務，仔細研究員工們的建議。第四，科學的決策機制。李嘉誠的每一個決定都經過有關人員的研究。第五，果斷當斷不斷反受其亂，李嘉誠深知其要害，所以，他總是在關鍵時刻勇於拍板，他反應敏銳，果斷處事；能進則進，不進則退。

行動指南

決策程序是獲得正確決策必然要經歷的，因為決策程序體現了決策規律，是正確決策的必經之路，捨此便不可能做出正確的決策，也就不可能憑此在商戰中贏得勝利。

第2週
Thu.

抓住市場訊息

最重要是事前吸取經營行業最新、最準確的技術、知識，和一切與行業有關的市場動態及訊息，才有深思熟慮的計畫，讓自己能輕而易舉地在競爭市場上處於有利位置。只要掌握了消息，機會來的時候，你就可以馬上採取行動。

——二〇〇七，接受《商業周刊》和《全球商業經典》的採訪

背景分析

二〇〇五年的武漢可以用一句俗語來形容，那就是「家有梧桐樹，招來金鳳凰」！幾家實力

雄厚的財團先後駐紮武漢，並投下八十多億港元的巨資。如此龐大的投資數額一度刷新了武漢地王的單價紀錄，一時間，媒體都把焦點鎖定在這些財團身上。到底是何方神聖如此大手筆？幾經調查，答案終於揭曉，李嘉誠當屬帶頭大哥！

李嘉誠之所以投下巨資，是要在武漢建設大型基礎設施——長江樂園主題公園以及東湖國際會議建案。據相關消息，當時這筆投資是長江實業集團在中國的最大投資，也將是繼改革開放以來，中國引進「金鳳凰」的最高紀錄，共計八億二百五十萬美元，約六十四億三千七百萬港元。

中國幅員遼闊，李嘉誠為何獨睞武漢？原來，李嘉誠事前就捕捉到國家要實現「中部崛起」的資訊，而武漢正是計畫中的策略支點。李嘉誠的商業嗅覺無疑十分正確！武漢地處中國中部，符合這項國家發展的條件，而且武漢的交通輻射半徑極為廣闊，這些先天條件無不是大型主題公園成功運營的優勢。此外，武漢的經濟狀況、產業結構在中國也處於領先地位，有利於吸納由東部發達地區擴散而來的優勢，它是中西部開發的視窗，更是商家角逐中部地區的必爭之地。縱觀上述種種，莫不讓人佩服李嘉誠的精準決策。

行動指南

一個正確的決策不是憑空產生的，而是建立在對市場訊息的再加工。而資訊則來自於決策者平時對市場的研究和把握，需練就捕捉資訊的能力，不放過任何一個有利於決策的資訊。掌握資訊者，必將有過人之舉！

耐心等待，伺機行動

大家都看到的是錯誤的，大家都看不到的卻是正確的。

——「李嘉誠自傳」影片內容

背景分析

李嘉誠在股市的作風就是人棄我取、低進高出，但什麼時候棄，什麼時候進，便是這個策略的核心。對此，李嘉誠說，低進高出的關鍵是看準了再行動。縱觀全球股票市場，我們很容易發現：儘管股市的波瀾起伏受制於許多因素，但是細心研究便可得知，股票市場與政治經濟的關係最為密切，如果詳加揣摩，很快就能找到其中的微妙關係。投資者需要研究和掌握這個規律，密切關注國際國內時勢，才能贏利。

一九八五年一月，置地公司面臨債務危機，急於脫手其持有的港燈集團❶股票以減債。李嘉誠在獲悉這則消息後，經過冷靜分析，抓住了置地的心理，以低於前一天收盤價一港元（每股六點四港元）的價格成功收購了港燈股票百分之三十四的股權，此舉就為和記黃埔的股東節約了四

❶港燈集團包括香港電燈有限公司（港燈）、港燈國際有限公司（港燈國際）、港燈協聯工程有限公司（港燈協聯）等，業務分別為供應香港電力、投資及電力供應顧問等，港燈成立於一八八九年，是世界歷史最久的電力公司之一。二〇一一年更名為電能實業有限公司（Power Assets Holdings Limited）。

億五千萬港元。六個月後，港燈股票不負眾望，股價上漲至每股八點二港元的高位，李嘉誠抓住時機，果斷出手減持港燈百分之十的股份套現，便淨賺了二億八千萬港元。

行動指南

決策時，要看準了再行動，切忌盲目。

第3週 Mon.

抓住機會

投資任何公司，固然要關注其眼前的贏利能力，但也要考慮其虧損的可能性。賺錢的理由很容易看到，但虧本的因素未必容易看清，那麼，你應該考慮哪個方面多一點呢？

——二〇〇八年，接受《環球企業家》雜誌採訪

背景分析

非洲草原上，清晨的第一縷陽光灑向大地之時，便是各種動物開始賽跑的時候。獅子想：要

是我不能跑過羚羊，我就注定要挨餓一天了；同時羚羊也想著：要是我不能再快一點兒，我就再也見不到明天的陽光和雨露了。這是無法改變的動物生存的遊戲規則，同樣適用於載浮載沉的商海。

到了二十一世紀，全球經濟一體化愈來愈快，無形中給企業的高速發展帶來了諸多好處。但任何事物都具有兩面性，企業必須緊跟時代的步伐，以免被全球經濟一體化這把高懸於頭頂的「達摩克利斯之劍」❷砍到，甚至致死。因此，作為一名企業決策者，就是要使企業快速發展，而且沒有最快，只有更快。

在一次採訪中，記者問李嘉誠如何才能做到每次決策都是正確的，李嘉誠的回答很巧妙，他說，投資任何公司，關注眼前的贏利固然重要，但也要考慮其虧損的可能性。能看到賺錢的理由很容易，要看到虧本的因素就未必了。比方說駕船出海，事前就應該想好如果天氣突變該怎麼辦，也就是要思考最壞的情況下要怎麼應對。李嘉誠在做出決策之前，除了會用很多時間考慮失敗的可能性外，還會反覆研究哪些行業會是未來的機會，哪些行業風險高；哪些生意當下很好，但十年之後可能優勢不再；哪些現今欠佳，十年之後卻可能一片大好。

❷「達摩克利斯之劍」源自古希臘傳說，達摩克利斯（Damocles）是義大利狄奧尼修斯二世的朝臣，他非常羨慕狄奧尼修斯的權勢，狄奧尼修斯遂提議兩人交換身分一天。當晚，就在達摩克利斯陶醉其中之際，抬頭驚見王位上方僅用一根馬鬃懸掛著一把利劍，嚇得他立刻請求狄奧尼修斯放過他。達摩克利斯之劍常被喻為擁有強大力量但是很不安全，而且很容易被奪走。

行動指南

決策完美了，機會卻沒了。如果凡事都要求考慮完美以後才願意付諸行動，不僅會降低效率，還會失去很多機會。雖然決策前的準備很重要，但應該在平時就積累起來，一旦機會在眼前出現時，一定要趕緊抓住。

第3週
Tue.

超前意識

一個真正做大事、有遠見的人，是看世界的潮流，估計自己未來發展的方向。

——二〇〇七年七月二十二日，中央電視台《名人面對面》節目訪談。

背景分析

李嘉誠認為決策者應有超前意識，應「走別人走不到的地方」，如果總是跟隨大流，就永遠不會超越別人。正是這種超前的決策意識，所以，他總是能夠趕在時代的前面，在激烈的市場競爭中獲得巨大的經濟效益。

超前意識是決策者成功的必備能力，也正是李嘉誠所具備的。年僅十四歲的他在一家小塑膠玩具廠做推銷員，經過數年的努力，他在二十二歲便開設了自己的塑膠廠。一九五〇年代中期，塑膠花在歐美國家風靡一時，李嘉誠把握商機，率先在香港大規模生產，受到香港市民的歡迎。初戰告捷，李嘉誠狂賺數千萬港元，長江工業一躍成為世界規模最大的塑膠花生產基地之一，李嘉誠也贏得「塑膠花大王」的美譽。看到李嘉誠的生意如此興旺，很多商人紛紛仿效，一時間，香港出現了很多塑膠花廠。面對來勢洶洶的後繼者，李嘉誠預感塑膠花產業已進入尾聲，於是他當機立斷，放棄塑膠花業，重新經營玩具舊業，又賺了上千萬港元。那些紛紛仿效他經營塑膠花產業的人，由於生產過剩導致價格大跌，損失慘重。

當別人都去搶市場的時候，市場其實已進入枯竭期了，因此，一些別人不曾注意的地方，或許將是一片新天地。李嘉誠非常清楚這一點，所以在別人競爭得頭破血流時，他早已置身事外。

行動指南

只有善於發現機會的人，才能創造出奇蹟。不要老是尾隨別人，要有自己獨到的眼光，成功的機會將會更大。

集思廣益

決定大事時，我就算心裡百分之百地清楚，也一樣會召集一些人、匯合各人的資訊，一起研究。因為始終應該集思廣益，排除百密一疏的可能。

——《做人做事會用人：微妙的用人藝術》

背景分析

東西方文化的不同，造就了東西方在思想、決策等方面的差異。東方的企業管理側重於人治，重點是領導者透過人情關係來統御部屬，比較富有人情味，但容易滋生人為矛盾。西方則更傾向於法治，如此，上到公司領導者，下到公司員工全都恪守各自的職責，不易產生不可調和的問題，管理也更先進，對專案的研究和計畫都十分周密，但是決策週期過長，容易延誤稍縱即逝的時機。透過分析，李嘉誠在企業管理上採取了中西合璧、各取所長的方式。針對一個專案，在研究和計畫階段即周密調查，嚴謹分析，而在落實階段，卻是打個電話，抑或見個面、握握手就確定了。

李嘉誠不僅善用公司內部的人才，還善於借助公司外部的人才資源，這種廣納賢才、洋為中用的觀念正是為了集思廣益，減少或避免決策失誤。他在決定大事時，就算有百分之百的把握，還是會召集一些人，匯集每個人的資訊一起研究。因為他始終相信，只有集思廣益，才能排除百密一疏的情況。

行動指南

企業在做出重大決策時，應該廣泛地採納大家的意見，不僅要聽多數人的意見，分析有沒有不合理的成分；亦應聽取少數人的意見，看有沒有合理的部分，只有把各種意見分析歸納和整理，才能最終得出正確的結論。

第3週 Thu.

耐心

創業的過程，實際上就是恆心和毅力堅持不懈的發展過程。

——《李嘉誠富與貴的哲學》

背景分析

李嘉誠認為，身為決策者，無論面對什麼情況，都不可急躁，應該有足夠的信心和耐心等待時機，創造有利於己的時機。一九八一年，李嘉誠準備在香港興建第一個大型社區——黃埔花園。根據香港政府對土地使用的條例，工業用地改為住宅用地抑或商業用地，都應當補交土地差價。由於黃埔花園使用的地點為原黃埔船塢舊址，當時又正是港島地產行業狂熱的時期，若按照香港政府條例，遵循協議價格，那麼和記黃埔就需要補交二十八億港元的土地差價，代價未免有點大。所以李嘉誠審時度勢，及時調整計畫，決定暫緩執行。

一九八三年，香港房地產行業開始降溫，一直到退至低潮的時候，李嘉誠抓住時機，與香港政府談判，最終只花了三億九千萬港元，就取得了黃埔花園商業住宅的開發權，如此一來，李氏企業在對黃埔花園的開發上降低了相當多的成本，可以說還沒有開盤，李嘉誠便已經收入了一筆可觀的財富。

行動指南

企業的決策者不僅要有決心，還要有耐心，切忌急躁。

第3週
Fri.

保持清醒的頭腦

如果出售一部分業務可以改善我們的策略地位，我們會考慮的。除了思考獲取合理的利潤以外，更重要的是在取得利潤之後，能否在相同的經營領域中讓我們的投資更上一層樓。

——接受《財星》雜誌專訪

背景分析

頭腦清醒的人總能夠堅持己見，在作決策時不被別人意見所左右。李嘉誠便是其一。為了解決自己產業用地的問題，李嘉誠曾在一九五八年和一九六〇年兩度購地：一九五八年，他在繁華的工業區北角購地興建了一幢十二層的工業大廈；一九六〇年時他又在港島的柴灣新興工業區興建了工業大廈。一般來說，在銷售時，許多地產商都會賣預售屋，因為賣預售屋可加快資金回收，賣家可以用買家的錢建樓，地產商還可以將土地和未建成的物業拿到銀行抵押貸款，可謂一箭雙鵰。但李嘉誠沒有採用這種模式，他仍堅持採取謹慎入市、穩健發展的策略：不賣預售屋、不貸款、不抵押、只租不售。這一策略讓他有效地避開了當時爆發的銀行擠兌風波、地產危機等負面影響。

行動指南

所以決策者在決定某件事時，絕對不能把一些未經深思熟慮的想法作為決策來執行。尤其是在複雜形勢前，領導者的頭腦更要清楚，考慮問題更要慎重。

第4週
Mon.

行慎寡悔

做決策不能太快，但也不能太慢，慢了就容易糾結，就容易猶豫，就容易內耗，就容易舉棋不定，就容易延誤戰機。給自己短時間必須做決策的壓力，讓自己學會在短時間內高度專注，瞬間決策、本能決策、潛意識決策不僅是一種能力，更是一種習慣。

——《決策中的心理學》

背景分析

多年來，李嘉誠總是以沉穩持重的態度出現在公眾面前，人們很難想像，那些驚世駭俗的決策都是出自這樣一位儒雅之人。但了解李嘉誠後，會發現他其實善於決策。他一生歷經多次跳槽和轉行，從沒有在機遇面前失過手，一路走來步步為營，最終登上了華人首富的寶座。

從為人打工到億萬富豪，李嘉誠一共面臨了四次重大轉折：第一次是從茶館跑堂到鐘錶工；第二次跳槽是從鐘錶工到推銷員；第三次跳槽是從推銷五金到推銷塑膠；第四次跳槽是辭職創業到大器終成。縱觀這四次轉變，無不體現出他獨到的決策能力和深遠的策略眼光。有人問，難道李嘉誠就沒有失敗過嗎？當然有，但大部分都是成功的，他之所以沒有在陰溝裡翻船，就是因為他始終奉行著一個原則，那就是「行慎寡悔」。

李嘉誠的每一次轉變都出人意料，因為在別人看來，這已是很好的職位，待遇也不菲，為什麼還要跳槽、從零做起呢？原來，李嘉誠的心中始終有一個念頭，那就是「自己創業做老闆」！

為了達到這個目標，他必須積累、創造豐富的經驗和成熟的條件，比如創業的資本、行業的知識、行銷的能力以及艱苦奮鬥的恆心。所以說，李嘉誠的「變」是在積蓄能量，是穩中求變。他之所以每一步都走得成功，就是得益於「行慎寡悔」這項指標，行動前做好充分的準備，而不是冒失和衝動；一旦做了，就不患得患失。李嘉誠敢於風險，無悔決策，其中所蘊涵的深刻道理，用他自己的話說，就是「游泳哲學」。

比如競爭，李嘉誠說：「當我著手進攻時，我得確信有超過百分之一百的能力；我要做有把握的事，而不是隨便去賭一賭。這個道理就像游泳一樣簡單。如果我要遊到對岸，我要確信我的能力不僅是可以游到對岸，而且肯定有能力再游回來。為此，我事先會常常訓練自己，例如計算鐘點數和哩數，充分了解自己才去做。」

再比如房地產和股市，他說：「我不會因為今天房市大好，就立刻買下很多土地，從買賣之間謀取利潤，我會看全局，例如供應的情況、市民的收入和支出，甚至世界經濟前景等等，因為香港的經濟受到世界各地的影響，也受中國政治氣候的影響。所以在決定一件大事之前，我很審慎，會跟一切有關人士商量，但當我決定一個方案之後，就不再變更。」

對此，李嘉誠說：「我會貫徹一個決定，差不多在工作進展到百分之九十九點九的時候做到這一點。我不會今日想建辦公大樓，明日想建酒店，後天又想改為住宅，因為我在考慮期間，已經著手仔細研究過，一旦決定了，就按計畫發展，除非有很特別的情況發生。」

在「行慎寡悔」決策原則的指導下，李嘉誠的事業在穩健中逐漸坐大，使他最終成為傲視群倫的商界領袖。

行動指南

好的決斷者，必具備擇善固執、行慎寡悔、慮定心強的三大特徵。之所以要這麼做，就是在為後面的動作積累充足的經驗和創造必要的條件。慎行寡悔的決策心理能使人預先做好風險評估，把各種可控和不可控的因素都考慮到，不會因一點小事就患得患失，也不會因為一時的失利而鬱鬱寡歡，唯有如此才能使自己應對自如，進退有據。

第4週
Tue.

出其不意

經商一定不能缺少勇與謀，兩者是相輔相成的。

——《李嘉誠做大的十二字箴言》

背景分析

商業競爭中，取勝的關鍵在於策略和技術的運用，要在企業的競爭中立於不敗之地，就要出其不意，攻其不備。

一九七〇年代，怡和❸、太古、滙豐及和記黃埔是香港四大資本最為雄厚的英資洋行。在許多生意中，這四家洋行一手遮天，處處排擠華商企業，尤其是在一些大型專案上，使華商企業無法和英資企業進行公平競爭，這種作法使華商企業很惱火。於是李嘉誠決定利用自己長江實業的雄厚資本，收購某些外資洋行，支持具有實力的上市公司。他的第一個目標便選中了怡和集團的旗艦「九龍倉」。

經過研究，李嘉誠決定不動聲色、出其不意地一舉完成收購。李嘉誠派人暗中收購九龍倉股票，把九龍倉的股價在短短的幾個月內由每股十三點四港元炒到了每股五十六港元。等九龍倉部署反收購時為時已晚，由於股價太高，自身資金又有限，不得不求助於滙豐銀行。然而滙豐銀行與李嘉誠合作過多次，雙方關係良好，讓李嘉誠有些左右為難。

當時，除李嘉誠外，搶奪九龍倉的還有資金雄厚的華資財團主席包玉剛。李嘉誠欲賣人情，順勢將其持有的一千萬張九龍倉股票以低於市場價的價格主動轉讓給他。

儘管如此，李嘉誠還是從中賺了五千九百萬港元。如此李嘉誠一方面避免了與之關係密切的滙豐銀行有正面衝突，另一方面也使華資財團順利獲得了九龍倉的絕對控制權，讓華資財團欠了他一個大人情。

❸怡和洋行（Jardine Matheson）由英國人威廉·渣甸（William Jardine）和詹姆士·馬地臣（James Matheson）於一八三二年創辦，為遠東最大英資集團，營業項目包括房地產、金融、運輸、零售、航運等。

行動指南

做生意是一門高深莫測的藝術，不可單刀直入，需要的是策略。面對高手時，不妨採取聲東擊西、出其不意的策略，把自己的真實意圖偽裝在眾多公開行動中，造成對方的錯覺，藉以達到目的。

第4週
Wed.

理性決策

如果你不過分顯示自己，就不會招惹別人的敵意，別人也就無法捕捉你的虛實。

——李嘉誠給年輕商人的九十八條忠告

背景分析

縱然心海波濤洶湧，但表情絲毫無異，這才是一個領導者應具有的素質。李嘉誠在他的生活工作中處變不驚，常常以平常心處理複雜棘手的問題。

一九九六年，李嘉誠的長子李澤鉅被張子強綁架，張子強向他勒索八十億港元。李嘉誠答應了張子強的要求，但附帶了一句話：如果他取出八十億港元現金，那麼香港的銀行會在第二天通通關門，因為香港銀行的流動現金就只有八十億港元。張子強只想得到錢而已，也不想把事情鬧大，不得不重新考慮贖金。

後來張子強竟詢問李嘉誠，在不影響香港銀行現金流動的情況下能夠提取多少現金，最終李嘉誠的回覆是：十億港元。❹

行動指南

決策是一個理性的過程，切忌在危急關頭被環境左右，要保持臨危不亂、鎮靜自若。

第4週
Thu.

趁熱才能打好鐵

能否抓住時機和企業發展的步伐有重大關聯，要抓住時機，要先掌握準確資料和最新資訊。

❹ 這起綁架案在李嘉誠救子心切、交付十億港元贖金後落幕，但嫌犯張子強前後陸續犯下多起重大刑案，終於在一九九八年被捕、伏法。

能否抓住時機，是看你平常的步伐是否可以在適當的時候發揮效力，走在競爭對手之前。

——《李嘉誠老二如何變第一》，《賺錢的藝術，管理的藝術》

背景分析

一九七七年，李嘉誠以迅雷不及掩耳的速度收購香港希爾頓酒店所屬的永高公司，整項交易用了不到一周的時間。這起事件的起因是，有一天他去酒會，聽到兩個外國人在討論某家酒店要出售，雖然兩人沒有直接點明酒店的名字，但李嘉誠立即知道他們說的是希爾頓。酒會還沒結束，他就到賣方代表那裡找到稽核員，說自己要買這家酒店，稽核員覺得很訥悶，因為他們兩個小時之前才決定要賣。

李嘉誠之所以對希爾頓酒店志在必得，是因為他事前對這一行業的市場動態及資訊做過詳細研究。這些行業訊息是決定性的資料，讓他預測到全香港的酒店在兩、三年內租金會直線上揚，因此香港希爾頓酒店很值得買。交易成功後，李嘉誠公司的資產一年內增值了一倍。很多人為這樁買賣叫絕。他表示，要抓住時機，首先得掌握準確的最新資訊，而能否掌握時機，端賴你能否在適當的時候發揮效力，走在競爭對手之前。時機的背後最重要的因素，就是知己知彼。

行動指南

愚蠢的人總是坐著等待未來，等待機遇；聰明的人則會抓住機遇創造未來。機遇其實很多，關鍵在於面對機遇時，能不能及時地抓住它、掌握它，因為只有趁熱才能打好鐵。

第4週 Fri.

競合模式

同行企業間存在著競爭關係，為了取得市場競爭的勝利，或為了維護現有市場，使企業生存下去，有必要與同行的其他企業進行互利互助的聯盟。這樣可以增加力量，有利於在市場中戰勝強大的對手。

——《華人首富李嘉誠生意經》

背景分析

李嘉誠認為，同行企業間由於目標客戶是相同的，因此存在著競爭關係。但為了奪得勝利果實，使企業存活下去，必要時得和同行聯手共同對付外界的強勢力量。這正如他推崇的三國哲學：當面對曹操的百萬大軍，劉備只有和孫權聯手，才能生存下來。聯盟可以使企業增強力量，讓那些強勢對手不敢輕舉妄動，還有機會取得勝利。換個角度來看，如果有幾個競爭對手已然聯盟，欲把自己置於死地時，則可採取瓦解對方聯盟的策略。你可以和聯盟體的某個成員搞好關係，然後根據關係的不同，再採取不同的方針策略來對付聯盟中的其他企業，這樣就使得聯盟的成員們不至於步調一致地全力與自己對抗。如果方法得當，還可以使聯盟成員之間形成競爭，那樣就能徹底地瓦解聯盟了。

李嘉誠這個觀點正好順應了時代發展的潮流，在當今社會，企業間的競爭關係已不同於以往，是既有競爭又有合作。一九八〇年代，李嘉誠就聯合新加坡以及馬來西亞的華資集團，一致向長期把持香港商界的英資集團發起商戰，此招一出，致使英資集團節節敗退。這種既聯合又競爭的方式，也就是現在頗為流行的「競合模式」。這樣的策略在國際企業中經常被運用，而且效果顯著。

行動指南

在競爭中合作，在合作中競爭。競爭的結果是你輸我贏，而競合的結果是我贏你也贏。合縱連橫，以巨無霸之規模合謀大業，要比孤膽英雄、散兵游勇來的勝算更大。

Apr.
四月

領導力

企業本身雖然要為股東謀取利益，但仍然應該堅持「正直」是企業的固定文化，可以被視為經營的一項成本，且絕對是企業長遠發展的最好根基。一個有使命感的企業家，應該努力堅持走一條正途。

走動式管理

現在我不是公司的領導者，你們只需要把我當成你們的長輩，我今天坐在這裡就是想跟你們分享彼此的經驗，這樣我們大家才都能成長。

——《億萬身價成功術：通透亞洲首富李嘉誠的經商智慧》

背景分析

在工作上李嘉誠一直堅持深入企業基層，了解員工的想法。他認為，領導者只有透過與部屬頻繁接觸，才能察覺出一些在平時根本無法了解的細微問題，並可以最有效地解決這些掩蓋在表象之下的潰堤之穴，保證企業一直充滿活力地向前邁進。

可以說，李嘉誠是看見地上有一百元錢都來不及彎腰去撿的人，因為他的時間非常寶貴，在他彎腰時可能就已經掙到了比這些更多的錢。但是為了接觸在一線工作的部屬，他經常和員工一起在職工食堂就餐，就是為了利用和部屬們一起吃飯的時間交流，從而察覺出一些威脅到公司未來命運的潛在危害，以防患於未然。

行動指南

企業領導者應該頻繁地深入基層，了解基層的需要、面臨的問題以及部屬員工當前的狀況，獲得第一手資料。也只有這樣，才能更好地制訂公司未來的發展策略。做任何事只有經過調查，才會有相應的發言權。

第1週 Tue.

部屬的錯誤就是領導者的錯誤

員工犯錯誤，領導者要承擔大部分的責任，甚至是全部的責任，員工的錯誤就是公司的錯誤，也就是領導者犯下的錯誤。

——《億萬身價成功術：通透亞洲首富李嘉誠的經商智慧》

背景分析

作為領導者，李嘉誠十分體諒部屬的難處，他時常告訴部屬：員工犯錯誤，領導者要承擔大部分的責任，甚至是全部的責任，因為員工的錯誤就是公司的錯誤，也就是領導者犯下的錯誤。李嘉誠能主動承擔員工的錯誤，這可追溯至他小時候在舅舅家那段打工的經歷。

當年，初到香港的李嘉誠在他舅舅的鐘錶公司做事。有一次，李嘉誠趁著帶他的師傅不在，獨自動手修理手錶，但是由於手藝尚未到家，結果不但沒有修好，反倒弄壞了那隻手錶。李嘉誠知道自己闖了大禍，但想不到師傅不但沒有怪罪他，而且還在他舅舅面前主動承擔了責任，師傅只是要求他，下次不要再犯類似的錯誤了。

事後李嘉誠向師傅道歉時，師傅告誡他：無論做什麼工作，作為領導者都要承擔部屬的責任和錯誤，因為部屬的錯誤就是領導者自己的錯誤。這件事給年幼的李嘉誠上了重要的一課，對他以後的發展影響深遠，使他成為能夠承擔責任的領導者，才是一名成功的領導者。

行動指南

領導者存在的意義在於，能夠合理分配企業的各種資源，使得部屬能使用最少的資源完成預期的目標。因此，員工之所以會在工作中犯錯，緣起於領導者未能合理地分配企業資源。不允許部屬犯錯的領導者，不是一名合格的領導者。

第1週 Wed.

領導者要賦予企業生命

企業本身雖然要為股東謀取利益，但仍然應該堅持「正直」是企業的固定文化，可以被視為經營的一項成本，且絕對是企業長遠發展的最好根基。一個有使命感的企業家，應該努力堅持走一條正途。

——於長江商學院首批MBA和EMBA畢業典禮上的講話上的談話

背景分析

由於「無商不奸」這句話，數千年來，人們對商人的評價一直沒有變過。這種充滿貶義的評價，讓唯利是圖已成商人的標籤。那麼，是不是每個商人都是這樣的呢？肯定不是。李嘉誠經商五十五年，創造了無數個商業神話，贏得塑膠花大王的美譽，靠的便是誠信；穩坐地產大亨的寶座，憑的是對國家民族的信任。李氏集團給人的感覺已經不是一般意義上的企業實體，而是一棵富有生命的長青樹。李嘉誠賦予企業生命力，就是不希望他的企業成為一個冰冷的賺錢工具，而是極具溫度的生命體。

一九八〇年代初，李嘉誠收購英資和記黃埔，順勢進軍集裝箱碼頭，然後又大手筆收購了海外石油公司，《富比士》（*Forbes*）雜誌排行榜上也因此終於出現了華人的名字，李嘉誠當之無愧地成為華人首富。李嘉誠帶領他的長江與和記黃埔橫掃千軍萬馬，積聚了巨大的財富，如此龐大的一個商業帝國，能夠經營下去實屬不易，然而，他不但經營得有聲有色，而且還保有良好的口碑和信譽。

李氏集團之所以取得如此大的成就，要歸功於李嘉誠遵循了經營企業的最基本底線：不走歪門邪道，堂堂正正地經商。只有賦予企業生命力，才能使得基業長青。在李嘉誠看來，企業賺錢是天經地義的，但要賺得問心無愧，對得起自己的良心。企業有了生命力，才能永續經營，否則就是個賺錢的工具，那樣的錢是沒有任何價值的。

行動指南

賦予企業生命，是企業基業長青的最基本要求。成功的企業領導者，必須做到這一點，才能永續經營。

第1週
Thu.

榜樣的力量

為何我每年只收五千港元人工（即董事酬金）？我只想證明，一家公司，上梁一正，下梁要不正也不可。

——「李嘉誠自傳」影片內容

背景分析

俗話說：「上梁不正下梁歪。」李嘉誠的小兒子李澤楷曾向父親抱怨他的薪水太少，甚至比不上公司內的清潔工，李嘉誠便說，他的月薪才是整個集團最低的。的確，李嘉誠每年僅僅從集團支取五千港元薪資。李嘉誠這麼做，無非是想在公司內樹立一個以身作則的榜樣，使公司員工都清楚地體認到要為公司的利益著想，而不是為自己的利益貶損公共利益。

李嘉誠透過以身作則，就是要讓員工明白一個道理：不管你處於一個什麼樣的職位，都不能濫用權力，甚至是因此而損害他人的利益。企業只有做到為人處世公平合理，才能使企業內部團結、穩定，處處彰顯出以公司利益為主的氛圍。也只有這樣，企業才能走向輝煌。

行動指南

良好的企業文化，就好比企業的「魂」，它是企業不斷發展的助推器。而企業的領導層就是企業文化的播種機，是企業文化的影子。領導層彰顯出的個人魅力直接影響著部屬。所以領導層一定要樹立好自己的外在形象，才能更好地帶動員工。

你是老闆，還是領袖？

領袖領導眾人，促動別人自覺甘心賣力；老闆只懂支配眾人，讓別人感到渺小。

——二〇〇五年六月二十八日，於長江商學院「與大師同行」系列講座上的談話

背景分析

李嘉誠在這段談話中，就「老闆與領袖」發表了自己獨特的看法。在他看來，當一名企業老闆顯然要比做領袖容易得多，畢竟老闆大多是靠上天的眷顧或憑藉自己的努力和專業知識而得來的，他的權力源自於其職位。而作為一名團隊的領袖，尤其是一名優秀、成功的領袖，其態度和能力要一樣出色，因為作為領袖，其權力得自於個人人格魅力和號召力。此外，他還認為領導能促使眾人毫無怨言地為其效力，而老闆只懂得靠權力、金錢役使別人。

行動指南

一名優秀的企業領袖不會刻意要求跟隨者，而是透過自己的個人魅力來潛移默化、影響身邊的人，使得他們同自己一樣對企業的未來充滿使命感，並在自己的帶領下為企業的發展拚搏。

成功的管理者都應是伯樂

成功的管理者都應是伯樂，伯樂的責任在於甄別、延攬「比他更聰明的人才」，但絕對不能挑選名氣大卻妄自標榜的「企業明星」。

——二〇〇五年六月二十八日，於長江商學院「與大師同行」系列講座上的談話

背景分析

在高度競爭的社會裡，一家高效組織的企業應該具備的是「令民與上同意也」的精神。企業只有上下同心，才可以不斷發展。而如果這樣的企業內夾雜著一些無能力、無主見、無鬥志、無忠心的員工，便是企業領導的悲哀，更是企業的不幸。同樣地，如果有剛愎自用、不知團隊精神為何物的管理者，更是企業的災難。企業的發展，需要的是能力突出、鬥志高昂、擇善固執、認同企業使命的人。因此在李嘉誠的用人觀中，可以清楚地看出他的「伯樂」眼光：在企業發展的不同階段，任用不同類型的人才。

第一，在創業一開始，由於企業面臨各種不可預知的風險，從而面臨出師未捷身先死的可能性，此時，李嘉誠在選拔人才方面著重於忠心。因為只有忠心、可靠的員工，才能幫助企業在行業內站穩腳跟，完成創業階段的資本積累。

第二，企業走上正軌、進入快速發展階段，李嘉誠開始轉換人才選拔的著眼點。他則重新招

攬適合企業的管理型人才，從而彌補原先老部屬忠心有餘而專業知識不足的狀況，促使企業更上一層樓。

第三，當開始併購外資企業時，由於文化差異等，必然會產生新併購企業在管理上的混亂。此時，李嘉誠適時調整人才招聘計畫，採用「外國人管理外國企業」的策略，如此不僅減少人力資本的開支，也利於對外資企業的管理。

行動指南

領導要善做伯樂，擦亮眼睛，在芸芸眾生中發現人才。

第2週 Tue.

過猶不及和知止不殆

過猶不及：你過度地擴張，容易出毛病；你過度保守，就無法跟人家競爭。任何企業、任何行業，過度擴張都是不好的，所以什麼時候應該停止，什麼時候應該擴張，都是學問。

——二〇〇五年七月，在汕頭大學演講時與學生的對話

背景分析

李嘉誠的座右銘之一是「知止」，他在一九八三年香港股災中的表現就是最精彩的詮釋。

一九八〇年代初期，伴隨著香港經濟高速發展，香港的地產和股市行情也空前繁榮，許多財團都以為這又是一次房地產春天的到來，紛紛在高地價時期買進土地，以囤積居奇。這一切看似合理的狀況，李嘉誠卻很擔憂，他預感到房地產泡沫又一次已經形成，並且在不斷地膨脹。因此，從一九八〇年開始，李嘉誠便逐漸減少土地方面的投資，反而加大了物業地產的出售，在一九八一年的公司年度報告中甚至直言不諱：「一九八二年將是港島地產業較為困難的一年。」果不其然，該年的港島經濟受到世界經濟衰退的影響，房地產市場一片低迷，而李氏集團由於提前做好了準備，安然度過此次危機。

商界有幾句俗語：「無商不奸，無利不起早」，均在描述商家貪利的本性。不過，商家在貪圖利益的同時千萬不可忘記「知止」。作為一名企業的領導者，只有能做到「知止」，才可獲得更大的發展。

行動指南

知止的價值在於處處體現出謙遜、讓人的品格，也是自我超越的一種進步。

第2週 Wed.

顛覆「中國式管理」

外國人的管理方式，加上中國人的管理哲學，以及保存員工的幹勁及熱誠，我相信企業能無往而不利。

——《從推銷員到華人首富：解讀李嘉誠管理智慧》

背景分析

許多人認為，中國傳統文化加西方先進科技的中國式管理是李嘉誠成功的關鍵。李嘉誠素來宣導任人唯賢，儘管他也認可「以外國人的管理方式，加上中國人的管理哲學，並保存員工的幹勁及熱誠，便能無往不利」，但眾所周知，李氏集團管理模式是職業經理人制度，這些職業經理人不僅有中國人，還有許多外國人。這些外國職業經理人帶來的西方的公司管理經驗，再結合中國人的管理哲學，在李氏集團的發展中起了很大的作用。

李嘉誠的親信觀，也受到西方文化的深刻影響。在他的公司中，只要工作上有表現，對公司忠誠、有歸屬感，無論國籍為何，在經過一段時間的努力而且承受了考驗後，就能成為公司的核心成員。

行動指南

要適應國際化，中國企業家就要從自己的領導和管理觀念變革入手，努力促使自己的領導風格中西合璧、融合中外管理之精髓。

第2週
Thu.

仁愛原則

團隊和你相處有無樂趣可言，你是否開明公允、寬宏大量，能承認每個人的尊嚴和創造力。

——二〇〇五年六月二十八日，於長江商學院「與大師同行」系列演講

背景分析

在日本的一些企業裡，新員工報到的第一天，就要做「身為公司人，死為公司魂」之類的宣誓。李嘉誠卻從不苛求員工作這種終身效力的保證，而是透過一些對員工有益的事，讓員工覺得值得為公司效力終身。

李嘉誠對員工既寬厚又嚴厲，長江實業的員工回憶：「如果哪個員工做了錯事，李先生非批評不可，不是小小的責備，而是大大的責罵。他真要急起來、惱起來，半夜三更會打電話到員工家，罵個狗血淋頭的情況都曾發生過。」一般而言，在長江實業公司被李嘉誠看好的，無不是挨過他批評的人，而且愈被看好，挨的批評就會愈多、愈嚴厲。經過李嘉誠的磨難之後，很多人都升了職又加薪。

李嘉誠之所以這樣做，是想吸引優秀的員工，給他們好的待遇和職業前景，讓他們有受到尊重的感覺。正因為李嘉誠這種仁愛治理的精神，使得長江實業在多年來的發展中，行政工作上的人員往往十分穩定，人才流失微乎其微。正所謂，「愛人者，人恆愛之。」

行動指南

企業領導者要堅持實施仁愛治理的原則，積極倡揚愛心之舉、大力培植感恩之情，著眼構建和諧的企業文化。

第2週 Fri.

降龍伏虎

如果是一個跟你共同工作過的人，你覺得他的人生方向和對你的感情都是正面的，你交給他每一項重要工作，他都會做，這個人才可以做你的親信。如果一個人有能力，但你要派三個人每天看著他，那麼這個企業怎麼做得好！

——二〇〇一年五月一日，於汕頭大學商學院「經濟沙龍」上的談話

背景分析

「二十一世紀最貴的是什麼？人才！」葛優在電影《天下無賊》中的這句台詞，相信很多人都很熟悉。人才作為企業的強力支柱，是企業不斷向前發展不可或缺的條件，但是流動性最大的也是人才，因此，任何一家企業領導人對於人力資源的管理都非常慎重。

眾所周知，李氏的集團可謂藏龍臥虎，那麼，李嘉誠是如何管理員工的呢？首先，他會使部屬們具有認同感和歸屬感。他把企業比作一個大家庭，讓每一位員工都有認同感，並且讓他們感覺得到自己是這個家庭的成員，得到他們應當享有的尊重和回報。其次，有公平公正的激勵措施，公司的利益和員工的成就及表現息息相關，讓員工知道自己的努力能使公司的利益最大化，反過來，公司也會以更多的獎勵回報給他們。再次，制定先進的公司管理制度。在人才任用方面，一是任人唯賢，二是用人不疑。如此，員工們才會相信他們也是公司的主人，才能使他們更

加保持對公司的責任感。

李嘉誠擁有今天的成就，也是從給別人打工開始，一步一步走過來的，所以他特別了解員工的需求，也能適時地做出利於部屬的決策。這也是為什麼李氏集團的工作人員是全港大公司中變動最少、高級管理人員流失率低於百分之一的原因。

行動指南

企業的未來，靠的是人才。作為企業的領導者，如何留住和恰到好處地任用人才，是工作的重中之重。人格的魅力、高效的管理措施以及公正合理的績效考核，是挽留人才的不二法門。

第3週 Mon.

品質是企業的生命

我宣布，從今以後，長江的產品，沒有次級品！

——在長江塑膠廠一次品質危機會議上的宣言

背景分析

品質是企業的生命，這是無數企業用血和淚總結出來的結論。這句樸素的經營原則表達的是：如果產品品質不過關，企業最終就會因用戶的拒絕而被市場淘汰。缺乏信譽的企業的產品沒有任何的競爭力。品質次等的，用戶就會拒之捨棄，這無異於企業生產出一堆廢品；品質嚴重不合格，那就關乎人們的生命安全，如三鹿奶粉❶，就是因品質問題而活活斷送了一個經營了多年的品牌。因此，企業產品品質的優劣，不能僅以其賣不賣得出去來考量，劣質的產品會給企業帶來毀滅性的打擊，比如用戶索賠、官司不斷，甚至陷入倒閉，最終關門。經商六十餘年的李嘉誠對這個利害關係何嘗不知！

一九五七年年底，李嘉誠根據當時的經濟形勢，制訂了擴大工廠規模的計畫，同時將長江塑膠廠改名為長江工業有限公司。為了解決小企業不注重產品品質的問題，李嘉誠下達了必須保持高水準管理的指令，堅持按責任辦事，不出次級品，並著手引進西方先進的管理經驗。李嘉誠極其看重自己產品的品質，他曾經當眾宣布，長江實業從此將消滅次品，只要是客戶拿到的，必將是品質有保證的產品。

❶三鹿奶粉為創始於一九五六年之中國河北石家莊三鹿集團的商品，二〇〇八年年中被檢測出，確認含有化工原料三聚氰氨，對腎臟會造成重大危害，集團方宣布回收奶粉，中國政府亦下令全面停產，三鹿集團並於當年年底宣告破產。

行動指南

品質是企業的生命，它不僅僅是口號，企業更要視其為生存發展的根本，並在日常管理中認真實踐。

第3週
Tue.

制衡制度

在信任員工的同時，亦必須有一個制衡制度。如果單憑個人的意願，覺得某個人不錯，就隨便任用，最後出了問題，不只會害了自己、企業，還會害了這個人。如果你早有一個制衡制度，就不會出這種大毛病。

——二〇〇六年，與中國三十位頂尖企業家會面時的談話

背景分析

中國三十多位著名企業家集體拜訪了身在香港的李嘉誠，向他討教企業管理的祕訣。李嘉誠

向這些企業家們提到，作為企業領導者，他在制訂企業的經營方針以及對待員工方面都會刻意加入一些中國的人情味。比如，若發現某個員工人品正直，對公司忠心並很期待在公司長期工作，重要的是，他對企業有所貢獻，那他就會特別關注這名員工，讓他感覺到自己在公司很重要，他的前途在公司有保障。

李嘉誠還認為，作為領導者，在你信任一個員工的同時，也必須制訂一個制衡制度，畢竟企業的未來關乎很多人的命運，單憑個人喜好隨便任用員工，一旦出現了問題，便會造成害己、害員工、害企業的結局。

李嘉誠在詮釋自己成功的奧祕時說，他是以西方企業制度為軸，輔以中國的傳統文化，核心則是良好的利益制約機制。

行動指南

企業管理是一門藝術，它所要達到的目標是，在執行中實現員工的效率和企業的穩定之間的平衡。

合理的人事制度

我認為要像西方那樣，有制度比較進取，用兩種方式來做，而不是全盤西化或是全盤儒家。儒家有它的好處，也有它的短處。儒家在進取方面是很不夠的。

——李嘉誠給年輕商人的九十八條忠告

背景分析

李嘉誠尤為關注企業管理體制上的問題，因為它關係著企業的前途和命運。相較於企業的事務性問題，企業管理體制是一個宏觀層面、全局性的問題，如果解決得不好，會直接影響大局。

李嘉誠在自己的企業中採用了西方的企業管理制度，摒棄了家族式管理模式。但他也對東方民族的家族氛圍情有獨鍾，這源於第二次世界大戰後經濟起飛中日本企業家族模式的影響。當年日本企業的家族氛圍濃厚，其商業文化中帶有厚重的儒家文化色彩。李嘉誠認為，中日都屬於東方文化圈，都是儒家文化的實踐者，日本企業成功的經驗是值得借鑑的，這一點從他的公司內部可以明顯看出。

在李嘉誠看來，企業要想擁有好員工，不能光靠好的福利待遇以及對他們的關注，還應該制定好的監督和制衡制度。這是一個良性循環的企業所必備的。無規矩不成方圓，道德的約束加上相輔的制度制衡，才是一個良好企業的管理模式。

行動指南

當企業發展到相當規模，還想延續和創造輝煌時，就必須解決管理體制，尤其是人事管理體制問題。

第3週 Thu.

想一想部屬最想要的是什麼

一家五年以上的企業，領導身旁如果沒有一個超過五年的主管跟著他，那可要小心一點了。

——華人首富李嘉誠的留人祕訣

背景分析

李嘉誠的公司裡有很多中國人和外國人，他們在企業裡已經工作了三十多年，而且一直身負重任。

李嘉誠可謂處處為員工們著想，從而也為企業贏得了員工的歸屬感，使得李氏集團的員工在他們退休前的最後一天仍繼續待在企業裡工作。人才是企業發展的核心，李嘉誠在留住人才方面可謂精誠所至。作為企業的管理者，他在做出公司決策時，往往站在員工的角度，考慮他們最希望得到什麼。在福利薪金方面，李嘉誠也會為他的員工作出一個長期的福利規畫，思索他們在將來退休時的養老等問題。這樣一來，很多員工都會毫無懸念地把公司當作自己的家。

行動指南

一名成功的企業管理者，不只是靠自己一廂情願的熱忱和信心，更多的是靠眾多員工的精誠團結與奮鬥，這就得由企業管理者在管理中給予員工人文關懷。

第3週 Fri.

管理的藝術性和靈活性

商業架構的靈活制度要建立在實事求是、自我修正挽回的機制上。我指的不單是會計系統，還有在張力中釋放動力，在信任、時間和能力等範疇中建立不呆板、隨機應變的制度。

——二〇〇五年六月二十八日，於長江商學院「與大師同行」系列講座上的談話

背景分析

管理是一門藝術。靠制定呆板的規章制度來約束部屬，毫無疑問地，企業會缺乏靈活性，部屬只是畏懼於制度，而沒有對企業的忠心和歸屬感。完全靠個人的魅力來統率群英，那麼這種毫無契約關係的管理體系會隨著個人崇拜的滅亡，使得企業在短期內分崩離析。李嘉誠把東方人的人情關係和西方的科學管理揉合在一起，形成自己獨特且行之有效的管理體系。健全企業的規章制度，以使員工行事有章可循，公司運行可規範化、管理可制度化；對管理層的選拔側重才能，不論出身，讓他們在合適的位置上各盡其能；在人力資源管理方面做到制度約束和人本管理的結合；由傳統金字塔式的組織結構向扁平型和矩陣式結構轉變，在管理方式、管理手段、管理理念等方面進行改變，達到破舊立新之效。

李嘉誠對管理的運用之妙，可以從其公司對北京東方廣場這個專案中了解一二。因為東方廣場專案是其公司在中國開工的最大的項目，所以在修建期間，李嘉誠甚至對每項建材的選擇都要過問。至於其他國家、比該廣場規模更大的專案，李嘉誠則放權給部屬。這個極大的反差，充分體現出李嘉誠靈活的管理藝術。

行動指南

二十一世紀對企業管理的要求是：在管理過程中樹立良好的管理形象。這是企業運行能取得高效率、持續長久發展的關鍵所在。

第4週 Mon.

領導者的是非價值觀

我相信只有堅守原則和擁有正確價值觀的人，才能共建一個正直、有秩序及和諧的社會。一個沒有原則的世界是一個缺乏互信的世界。

——二〇〇九年九月二十五日，長江商學院首屆畢業典禮致詞

背景分析

作為一個成功的企業領導者，李嘉誠對於事物、行為的價值有自己的獨到見解。

某次，有個清潔工在打掃李嘉誠的辦公室時，不小心打碎了他很喜歡的唐三彩，清潔工非常緊張。出人意料的是，李嘉誠知道後表現得很平靜，沒有責怪那名員工，而是告訴他以後做事要小心一點。在李嘉誠看來，不小心的失誤是可以彌補和原諒的，不過如果是明知故犯，那就另當別論了。

李嘉誠公司的員工是極其忠誠的，這不僅是因為李嘉誠給員工的待遇是全香港最好的，更重

要的是他的處世觀，讓員工覺得跟著他做事憑的是幹勁、是實力，而不是那種讓人窒息的官僚主義。李嘉誠的是非觀非常清楚，好壞之間絕對沒有灰色地帶。他會把員工捧在手心裡倍加呵護，但如果違背了原則，再有能耐的人也會被他解雇。另一次，公司的一名高管被開除了，很多人都感到莫名其妙，後來才知道是因為他隨意將公司的幾枝鉛筆拿回家。在李嘉誠看來，是否故意犯錯是判斷一個人行為的重要標準。

一支鉛筆的價值遠遠抵不上唐三彩，反應出截然不同的價值觀。犯錯是人的天性，任何人都有不小心的時候，可以被原諒。而拿著高薪的高管還貪圖公司的小便宜，就說明了：他的道德感還不夠，這樣的人又怎能把工作做好，公司又怎敢委以重任？

行動指南

領導者的價值觀往往能影響整個企業價值，它在一定程度上決定了這個企業能生存多久。這些價值觀是發自他們內心的，是符合企業發展的，它不像寫在牆上的那些標語，只是每天喊喊而已，它是企業策略抉擇和判斷是非的基準，它反映出企業該做什麼、反對什麼、提倡什麼。

第4週
Tue.

刺蝟法則

領導者全心協力投入熱誠，是企業最大的鼓動力。與員工互動溝通，對同事尊重，才可建立團隊精神。

——李嘉誠給年輕商人的九十八條忠告

背景分析

「刺蝟法則」是管理學中運用廣泛的法則：刺蝟在天冷時會彼此聚攏取暖，但由於全身都是刺，為了避免刺傷對方，它們會保持距離。在管理學上，這意味著領導者和部屬之間要保持一定的距離。

李嘉誠對部屬既寬厚有加，又嚴格要求。在長江實業集團，那些李嘉誠看好的員工，如果他們做了錯事，即使半夜三更，他仍會打電話把對方痛罵一頓。他始終和員工保持著這種微妙的刺蝟關係，批評、呵護著每一個員工，尤其是那些被李嘉誠認為有潛力的。這些員工在受過他的一番深刻教育後，職位不降反升，待遇也跟著水漲船高。

行動指南

作為企業管理層，不僅要領會刺蝟法則，更要很好地運用。領導者與部屬之間的關係既不能太過親密，從而造成公私不分而影響工作，也不能脫離，造成上下級關係緊張。

第4週 Wed.

印象管理

做人最要緊的，是讓人由衷地喜歡你，敬佩你本人，而不是你的財力，也不是讓人表面上聽你的。

——李嘉誠給年輕商人的九十八條忠告

背景分析

李嘉誠說，如果你希望影響他人，首先你要給對方一個好的印象。你給對方一個愈深刻的印象，對方就愈容易記住你的態度、行為、表現，有時甚至會下意識地做出你平時的所作所為，這樣，你就能潛移默化地影響其他人。

企業領導者透過印象管理可以實現以下效果：一是領導者透過自身人格魅力，對部屬產生的積極影響會推動企業的發展，反之則會對企業和員工產生不良影響和後果；二是領導者的言行如被員工所仿效，那麼其所帶來的影響會在不經意間被誇大；三是作為領導者，其一言一行都被員工所關注，若言行良好，優秀員工便會跟隨其後，若言行不佳，則會導致優秀員工流失。

行動指南

領導者是企業發展的領頭羊，他的言行都會成為部屬們的仿效對象。所以，一名好的企業領導者會透過自己良好的人格魅力來影響、帶動部屬們共同努力，從而實現企業效益的最大化。

第4週 Thu.

先思考再出手

做生意一定要同打球一樣，若第一桿打得不好的話，在打第二桿時，心更要保持鎮定及有計畫，這並不是表示這場球局會輸。就好比是做生意一樣，有高有低，身處逆境時，你先要鎮定考慮如何應付。

——李嘉誠給年輕商人的九十八條忠告

背景分析

二〇一三年，市場盤整，有不少商界領袖都處在了水深火熱之中，能否找到一絲亮光，無人敢言，這時候大家都不約而同地想起了李嘉誠。二〇一三年中國房地產漲幅不斷，而李嘉誠卻大手筆運作，他先後拋售了上海東方匯經、廣州西城都薈等內地物業，繼而減持在港資產，把籌碼轉移到英國和加拿大的市場上。如今，二〇一三已過，二〇一四年也進入倒計時，時過境遷，回首省思，不得不佩服李超人的智慧，他總是能聞到一絲敏感氣味，總是能快人一步。

當時有不少人驚嘆，李嘉誠大量拋售中國的物業，是否就意味著他對中國房市的看空呢？且先來看看和黃的年報：二〇一三年，集團的土地儲備約八千三百萬平方尺，其中百分之九十七在中國，而微不足道的的百分之三才在英國與新加坡。

那麼，如何讀懂李嘉誠大量拋售中國物業的舉動呢？其實，這就是高明商人的策略思考。商人投資遵循的不變原則就是低買高賣，關注的是投資收益率的高低。面對二〇一三年撲朔迷離的房地產市場，李嘉誠考慮到的是時間成本的問題，是繼續持有，還是迅速轉手？無疑，他選擇了後者，所以，在權衡利弊之後，他當然更願意去國外抄底❷。正如李超人所說的，當下歐洲的資產處於低位運行，反觀中國和香港卻是刀尖上行走，一直處在高位狀態。那麼為何不減持高位資產，增持低位資產呢？這就是李嘉誠的思維，也符合他一貫的投資理念。

❷「抄底」是指以某種方法預估價格跌到最低後即將反彈，而選在短時間內大幅買進的一種投資策略。

我們再來看看長江集團的財報數據：二〇一三年八月，拋售的廣州西城都薈廣場建案回報率只有百分之七，而次年初出售的南京國際金融中心大廈的回報率還不到百分之五，上述項目的回報率均低於長江實業百分之十五的平均淨資產收益率。

各種資料無不說明，中國的物業環境已經舉步維艱了，歐美經濟卻已持續復甦，各種跡象無不促使李超人「拋東選西」，這就是李嘉誠作為巨賈的經營智慧，是常人所不能及的。

行動指南

或許很難學會李嘉誠的「乾坤大挪移」，但至少能從他的操作過程中領悟到點什麼，也許就是像他那樣去思考，當深陷逆境時，切忌盲目，一定要鎮定考慮應對之策。應市而變，而不是墨守成規。

第4週
Fri.

領導層的標準

忠誠猶如大廈的柱，尤其是作為高級管理人員，忠誠是最重要的。

——二〇〇一年，與香港中文大學EMBA學生的談話

背景分析

二〇〇一年二月，李嘉誠和香港中文大學EMBA的學生於長江大廈七十樓的辦公室，談論經營之道。有學生問李嘉誠，他的成功是否會對部屬構成壓力？他會不會因為自身知識廣博，而不給部屬發表意見及發揮才能的機會？李嘉誠的回答是：「我的部屬們有很多發揮的機會。在長江實業，如果他是個品德高尚的人，在我能力範圍之內，我都會盡量提供他們機會，讓他們去發揮，如果管理者做不到這點，就不配做長江實業的領導。」

在談到領導層的工作表現、對公司的忠誠及有歸屬感等特質，哪一種更重要時，李嘉誠說，忠誠猶如大廈的柱，尤其作為高級管理人員，忠誠是最重要的。當然，具備了忠誠，還要講求工作表現及是否對公司有歸屬感，若沒有歸屬感，員工掌握了工作上的知識及技能，就會離開，對公司也沒有好處。而李嘉誠引以為傲的是，他的公司很少遇到上述情況，原因是他能讓管理人員及各級員工感受到，他們在公司的前途是美好的。

行動指南

一家企業能不能經營得好，關鍵在於領導。領導的思想、品德、責任和能力，決定著領導的人格魅力。

一個有著優良品格的領導必須能尊重人才，敢於讓賢，敢承擔、有作為，經得住批評和表揚，這些都是好領導的標準。領導者應該經常對照標準，修正自己的行為，洗掉心中的塵埃，做一名卓越的領導者。

May. 五月

人才觀

經營企業哪有不承擔風險的，如果只擔心風險，不給年輕人鍛鍊的機會，那麼公司十年或二十年之後，還能夠靠誰呢？現在冒點風險，就是為了避開以後的風險，讓他們年輕人放手去做吧，我們就是他們的堅強後盾。只要有能力，就要給他們機會。

第1週 Mon.

親人不等於親信

親人不代表親信。比如說你有個表弟，當然是很親了，但如果只是因為這樣，你就重用他，你的事業就可能出問題。而一個人和你共事一段時間，如果他的思路、人生方向跟你比較一致，那就可以委以重任。

——二〇〇一年五月，於汕頭大學商學院「經濟沙龍」上的談話

背景分析

古今中外，以血緣關係為紐帶的家族企業比比皆是。第二次世界大戰後，日本的家族企業在日本的重建中就發揮了很大的作用，也發展壯大了自己，走向輝煌。但也有很多家族企業沒落，被埋入歷史的塵埃。這不得不讓人思考：為什麼同樣是家族企業，卻有著截然不同的結局？對比後發現，一切在於家族企業的掌門人在用人方面是否能夠突破血緣關係的束縛。

在中國改革開放初期，李嘉誠的不少潮州老鄉都來請求他，讓自己到他的企業工作，這些請求無一例外，均被婉拒了。並非李嘉誠不重親情，而是他深知企業是靠能力發展的，裙帶關係最終只會讓企業走向毀滅。李嘉誠因此還專門告誡公司的高級管理人員，在選拔任用員工時，一定要唯才是用，舉賢不避親，這樣才可以發展壯大企業。這也是為什麼李嘉誠的企業中雖不乏他的親友以及公司管理人員的子女，但這些有門路的人並未因此受到特別照顧，進公司後能否得到重用，全靠自己的實力，能力平庸、業績平平的隨時會被通知走人。

行動指南

家族企業能否有長遠的發展優勢，就在於管理者的能力，有時不妨將這種權力放手，讓社會精英而非家族成員擔當重任，也許會使企業走得更遠。

第1週
Tue.

慧眼識英才

知人善任，大多數人都會有部分的長處、部分的短處，各盡所能，各得所需，以量才而用為原則。

——「李嘉誠自傳」影片內容

背景分析

好領導首先得是好伯樂，要會識人才。馬世民在長江實業集團是李嘉誠之外最有權勢的領導者，他之所以為長江實業所用，都歸功於李嘉誠的知人善任。馬世民最初是怡和貿易的代表，某次他到李嘉誠的公司推銷，希望長江實業集團的物業公司能採用他們公司經銷的冷氣系統。儘管馬世民知道李嘉誠很少過問此類小事，他還是堅持要見李嘉誠。他的這股倔強吸引了李嘉誠。李嘉誠與馬世民見面後，兩人有種相見恨晚的感覺，他遂決定把馬世民這位千里馬挖過來。後來馬世民創辦了自己的工程顧問公司，李嘉誠認為當時時機成熟，便不惜重金收購了這間公司，並讓馬世民擔任長江實業集團的左右手。至此，這位不可多得的人才被李嘉誠招至麾下。

智莫大乎知人。人才是企業成功的最優勢資源。領導者只有成為擁有卓絕眼光的伯樂，才可使事業更上一層樓。李嘉誠正是因為那無比精準的相人術，發掘了眾多能為他所用的人才，從而使得他的商業巨輪馳騁商海，無往不勝。

行動指南

這世界不缺少美，而是缺少發現美的眼睛。這話用在企業選拔人才上是再貼切不過了。

第1週 Wed.

不是老闆養活員工，而是員工養活了公司

可以毫不誇張地說，一家大企業就像一個大家庭，每個員工都是家庭的一份子。就憑他們對

整個家庭的巨大貢獻，他們實在應該取其所得。只有反過來說，是員工養活了整個公司，公司應該多謝他們才對。

——李嘉誠給年輕商人的九十八條忠告

背景分析

「天下熙熙，皆為利來，天下攘攘，皆為利往」，這是很多人對商人的理解。商人畢竟不是慈善家，賺錢是他們的使命，李嘉誠卻能在無情的商場中融入真情。

一九七〇年代末，塑膠花產業已經過了黃金時代，利潤非常薄。但是在李嘉誠的長江實業大廈依然有工廠在生產這些過氣產品。這個奇怪現象被正在為自己的廣告公司尋求租借廠地的香港名人林燕妮❶發現。她很納悶，以長江實業集團當時在房地產業的影響，為何還要守著這種日薄西山的產業？對此，李嘉誠給出的回答是，企業就應該是一個大家庭，新一代（房地產業）雖然已經站起來了，但也不應該忘記老員工，他們是這個大家庭的功臣，是這個企業的奠基者。作為企業的領導者，儘管他們已老，仍不應該忘記他們，而應該在能力範圍內照顧好他們。這番話使得這位香江才女對他肅然起敬。

李嘉誠非常認同員工對企業的貢獻，也很關心員工，透過這樣的作法，使員工認識到他們對

❶林燕妮，香港專欄作家暨廣告界人士，著作甚豐且當中多部被改編成電影，有「香江才女」之稱。

企業的貢獻不會沒有回報。同樣地，李嘉誠堅持認為員工是為公司賺錢的人，他們才是對企業做出最大貢獻的勞動者，因此，他總是在能力範圍內給予員工最大的福利。

行動指南

企業領導者千萬不能認為企業是自己的私有物，倘若如此，他便會認為員工是自己的附庸，這必然會影響員工對企業的忠誠度與責任感，企業便不會長久。只有認同企業是為大家賺錢的領導者，才會真正地尊重員工，調動員工的積極性，為企業創造更大的價值。

第1週 Thu.

洋為中用

在我心目中，不管你是什麼樣的膚色、什麼樣的國籍，只要你對公司有貢獻、忠誠、肯做事、有歸屬感，且有長期的打算，我就會幫他慢慢地在經過一個時期後成為核心份子，這是我公司一向的政策。

——李嘉誠給年輕商人的九十八條忠告

背景分析

一九八〇年代中期，李嘉誠掌控了好幾家老牌英資企業，其中有不少外籍員工，為了使這些企業能繼續平穩地發展，他並沒有解雇原有的職員，而是繼續任用這些管理成員。如此一來，必然會產生一個問題：這麼多外國人才集於李嘉誠的旗下，該如何管理他們呢？李嘉誠的作法很簡單，就是「用這些外國人來打理原來的企業，管理原來的洋員工」，這樣不僅利於被收購的外資企業的業務，也利於管理。李嘉誠很早就認識到，在一個快速發展的企業中，管理者的職責就是為企業的未來掌舵，管理好部屬，而不是任何事都親力親為。

此外，李嘉誠還有更深遠的打算：長江實業集團未來肯定要面向世界，這些曾在老牌英資企業供職的職員有著外資企業工作的經驗，必然是將來與西方企業進行廣泛業務聯繫時衝在最前線的驍勇戰將，他們得天獨厚的條件和優勢，是原來長江實業的企業員工所沒有的。

行動指南

任何一位成功的領導者，功績都不會是他個人獨自取得的，在他背後必然有眾多的跟隨者默默地支持著。他之所以能成功，除去他的個人能力外，必然還有他在運用人才時所具備的「博采天下所長而為己用」的胸襟。

第1週 Fri.

人才創新

為了適應時代發展變化的需要，也為了企業自身的生存和發展，企業必須以市場為導向、以創新為手段、以效率為核心，重建企業形象。

——李嘉誠給年輕商人的九十八條忠告

背景分析

如今，「人才市場」已是大家熟知的一個概念，在過去，只有商品才會進入市場領域，人做為生命體，不會被列入商品的行列。隨著經濟發展，人才概念發生了變化，人才已成為市場經濟最核心的資源。然而，要想經營好人才這項寶貴的資源，並非一件容易的事。

有記者問李嘉誠：為什麼他這位「超人」經過幾十年的成功積累，還趕不上比爾·蓋茲的幾年暴富？李嘉誠先是感慨「後生可畏」，然後他頗有見地說，因為比爾·蓋茲掌握了這個時代最為稀缺的資源——創新精神。只有創新，人才才能最大限度地為企業所用。

李嘉誠的人才隊伍，既結合了老、中、青三個年齡段員工的優點，又兼備中西方文化相結合的特點。他先是任用劍橋大學經濟系畢業的英國人麥理思，之後又起用英國人馬世民任長江實業集團總裁。李嘉誠引進國外人才，不僅有利於公司內部的溝通，也是帶入西方管理方法的一個捷徑。更為重要的是，這種經營人才的方式是出於對長江實業長遠策略的考慮，聘用這些外國人才，有利於企業和世界接軌。

行動指南

企業要想在日益加劇的人才競爭中取勝，就必須更新自己的人才管理理念。不僅要吸引本土人才，還要網羅海外人才。積極推行以人才為核心的創新管理，予以人才的成長營造一個良好的環境。

第2週 Mon.

誠信聚得一方人才

以誠待人，是我生活上堅守不移的原則。

——「李嘉誠成功之路」影片內容

背景分析

商界同業都知道，長江實業的李嘉誠是以誠信著稱，以誠待人、信守合約是他在生活與工作中堅持的原則。也正是憑藉著誠信，使得許多有才之人聚攏在李嘉誠的周圍，心甘情願地聽他調遣，共同為李氏集團的發展獻策出力。

李嘉誠身邊有一位不願擔任李氏集團董事的人才，是精通證券業務的專家，即被業界稱為「李嘉誠的股票經紀人」的杜輝廉，他是李嘉誠身邊眾多謀士中唯一不支乾薪的人。儘管如此，他還是一如既往地積極參與公司的決策。

後來在一九八八年時，杜輝廉與梁伯韜合夥創辦百富勤融資公司，李嘉誠為了報答老朋友的恩情，除了自己入股，還特意邀請十八家香港商業巨擘參股，為杜輝廉吶喊助威。在百富勤融資公司發展壯大後，李嘉誠又主動放棄部分股權，以支援杜輝廉與其合夥人的持股量，以安全控制董事會。李嘉誠如此投桃報李的作法，使得杜輝廉對他極為欽佩，此後儘管杜輝廉身兼兩家上市公司主席，仍然忠誠不渝地支持著李嘉誠在股市方面的決策。

行動指南

一個人的強大不取決於其自身的力量和智慧，而在於他是否可以兼聽於眾人的意見。作為企業領導者，一定要學會聚集人才，虛懷若谷、兼聽眾人智慧，只有集思廣益，博采眾長，才可大興企業。

第2週
Tue.

指揮千人不如用好一人

指揮千人不如指揮百人，指揮百人不如指揮十人，指揮十人不如指揮一人。

——《李嘉誠全傳》

背景分析

現實生活中的許多企業管理者，做事都喜歡親力親為，因為只有這樣他才會感到安心、有成就感，殊不知這正是企業管理者的悲哀和大忌。管理者是什麼？就是領導別人為自己工作的人，如果事必躬親，充其量只是一個初級的管事型領導，永遠無暇思考其他的事。

創業之初，李嘉誠也是事必躬親，但當企業發展到一定階段後，他便開始放開管事的許可權。他引進專業人才進行實務管理，諸如被稱為長江實業系「三駕新型馬車」的周年茂、霍建寧和洪小蓮，他們分別負責長江實業集團的地產、財務和樓宇銷售。由此，李嘉誠真正開始轉變為把握企業未來方向、思索攸關全局的重大決策、管理人力資源的領導者。

管理學者丹尼爾．卡尼曼（Daniel Kahneman）說：「當一個人體會到他請別人一起做一件工作，其效果要比他單獨去幹好得多時，他便在生活中邁進了一大步。」領導者要想成功，就要讓管理回歸簡單，把權力釋放出去，讓合適的人活躍起來，讓其獨當一面。

行動指南

「指揮一人」是用人的上乘法則，但實施起來有一定難度。其一是要有合適的人才；其二是要對人才的能力、人品充分了解；其三是自己要對管理的各個環節充分熟悉，能準確判斷目前情況是否正常，以便及時調控。要能徹底實行，非得好好下工夫不可。

第2週 Wed.

提拔才俊之士

唯才是用，必興企業；唯親是用，必損事業。

——《億萬身價成功術：通透亞洲首富李嘉誠的經商智慧》

背景分析

企業在不同的發展階段，需要不同類型的人才來支撐。

正如先前所說，在企業創始之際，創業者最需要的是忠心耿耿的實幹型人才，如此企業才能避免被同業扼殺於搖籃之中。待企業走出了初始階段，開始步入正軌後，需要的就是管理型人才，因為原先那些幫助企業度過創業期的元老不一定能適應這一階段的發展需要，就必須有管理型人才來充實。

儘管李嘉誠一直很看重和他一起創業的元老們，但是他也明白這些元老深知創業之艱難，於是在事業有所突破之後就會安於現狀，缺乏繼續向前衝的闖勁。所以，當李嘉誠的事業再上新高後，他便開始招募創新求變的管理型人才，以此來推動企業不斷向前開拓。

其中最突出的，莫過於負責長江實業集團財務策畫的霍建寧。此人為人十分低調，卻又最引人注目，李嘉誠非常賞識他的才幹。李嘉誠在一九八五年委任剛過而立之年的霍建寧擔任長江實業董事，不到兩年的時間便提拔他為董事副總經理，他在三十五歲那年便成為香港最大集團的董事副總經理。

行動指南

不拘一格任用人才，是開明、有氣魄、有遠見的企業領導者最為吸引人，也最能帶動企業員工積極奮發之處。

Are You Ready?

我們都希望別人聽到自己的說話，我們有沒有耐性聆聽別人？

——李嘉誠詩作〈Are You Ready?〉

背景分析

企業對員工一般都採用物質激勵，但有時候物質上的激勵是不夠的，還要注重精神上的激勵，李嘉誠寫詩激勵員工就是其中一例。以下便是他的詩作〈Are You Ready?〉：

當你們夢想偉大成功的時候，你有沒有刻苦地準備？
當你們有野心做領袖的時候，你有沒有服務於人的謙恭？
我們常常都想有所獲得，但我們有沒有付出的情操？
我們都希望別人聽到自己的說話，我們有沒有耐性聆聽別人？
每一個人都希望自己快樂，我們對失落、悲傷的人有沒有憐憫？
每一個人都希望站在人前，但我們是否知道什麼時候甘為人後？
你們都知道自己追求什麼，你們知道自己需要什麼嗎？
我們常常只希望改變別人，我們知道什麼時候改變自己嗎？
每一個人都懂得批判別人，但不是每一個人都知道怎樣自我反省。

大家都看重面子，but do you know honour？
大家都希望擁有財富，但你知道財富的意義嗎？
各位同學，相信你們都有各種激情，但你知不知道什麼是愛？
每一位員工都是優秀的，只要他得到正確的培訓；
每一位員工都會對工作付出、負責、用心的，只要他得到正確的理念。
每位員工的薪水都取決於他為企業創造的價值。
只有為企業創造的價值愈多，他的薪水才會愈高。

提高價值，一是技能，二是態度。我們從上面這首充滿人文精神的詩，可以了解李嘉誠的內心世界和做人做事的原則。思想境界的高下決定了一個人成就的高低，那些總為一己之私利而奔走的人，將總是在平庸中度過一生；相反地，為他人、為企業、為社會著想的人卻能取得不凡的成就。

行動指南

我們不應該忘記的是：責任與權利是永遠分不開的。既然已經選擇了這份工作，那麼你的所作所為就應當對得起這份工作。不要質問自己喜不喜歡，而是要問應不應該。

讓員工忠誠的簡單辦法

我不是一個聰明的人，我對我的員工只有一個簡單的辦法：一是給他們相當滿意的薪資、紅利，二是你要想到他們將來要有能力養育兒女。

——《從推銷員到華人首富：解讀李嘉誠管理智慧》

背景分析

一家企業是否成功，我們可以從兩個方面來考察：顯性的表現是產品和企業在市場中名氣如何，而更為關鍵的員工忠誠度是隱性的，它在很大程度上左右著企業的業績。李嘉誠對此有自己的獨特招數：一是給員工們相當滿意的薪資、紅利，二是讓員工們有能力養育他們的兒女。

一九九八年亞洲金融風暴波及香港時，長江實業集團的員工由於把公積金用於外放投資，蒙受了很大的虧損。按照常理，這種損失是員工們自己造成的，和李嘉誠沒有關係，但是李嘉誠卻用自己的資金填補了員工們的損失，這種義舉輕易地就俘獲了員工的真心和忠誠。

李嘉誠堅持，絕不能為了成功而不擇手段，他覺得如果這麼做，即使僥倖略有所得，也一定不能長久。事實證明，李嘉誠獲取的是員工對他的尊敬、對企業的忠誠，這些無形資產相比起李嘉誠損失的那些錢財而言，根本微不足道，可謂一本萬利。

行動指南

員工的忠誠不是簡單地忠於企業領導者抑或上司。真正的忠誠是忠於職業、忠於責任，有這種內涵的員工才是每一位企業領導者應當關注的。

第3週
Mon.

讓員工有歸屬感

在我的企業內，人員的流失及跳槽率很低，且從沒出現過罷工潮。最主要的是員工有歸屬感，萬眾一心。

——李嘉誠給年輕商人的九十八條忠告

背景分析

李嘉誠曾強調，組織必須實施人性化的管理。在他的企業內，人員的流失及跳槽率很低，而且從沒出現過罷工潮，主要歸功於員工對企業有歸屬感。員工只有對企業有歸屬感，才能付出忠

1月 2月 3月 4月 5月 6月 7月 8月 9月 10月 11月 12月

誠，也才能靠此增強企業凝聚力和競爭力。李嘉誠深諳此道，他把企業看作是一個小的家庭式公司，等公司發展大了，一定要讓員工有歸屬感，令他們安心。

李嘉誠對人力資源管理方面十分重視。比如，他在開會時允許員工暢所欲言，發表對問題的看法和意見，最後再匯總形成最終方案，此舉讓員工非常滿意，感覺自己在公司也很重要。用李嘉誠的話來說，就是：「作為一個司令，你不需要去管實際操作，只要懂得運用策略行。管理中最簡單的是知人善任，但先決條件是要讓部屬有歸屬感，讓他先喜歡你。」

行動指南

員工能對企業有歸屬感，是因為它有魅力，而它也必定會是人才濟濟、前途光明的企業。

第3週 Tue.

長江學者獎勵計畫

再怎麼漂亮的教室都沒有用，最重要的是人才，尊重人才、愛惜人才是難得的。

——二〇〇八年十二月五日，於「長江學者獎勵計畫」十周年紀念大會上的談話

背景分析

一九九八年，中國教育部邀請李嘉誠共同設立「長江學者獎勵計畫」，該計畫包括特聘教授、講座教授崗位制度和長江學者成就獎。這是一項大膽破除制度局限的創舉，不僅打破了人才單位所有制、職務終身制，還消除了分配中存在的平均主義等弊端，為國家留住大批人才，也向世界發出了珍重人才的強烈資訊。長江學者獎勵計畫在很大程度上提升了中國高校和科學研究機構的教學水準，促使中國在許多研究領域取得重大突破。截至二〇〇七年，共有三十八名長江學者當選中國科學院及中國工程院院士，六名長江學者當選第三世界科學院院士，兩名長江學者當選美國科學院外籍院士。

為此計畫投入了大量資金的李嘉誠，在該計畫實施十周年的時候，堅定地表示這個計畫非常值得。

行動指南

人才是企業發展的核心力量。只有懂得尊重人才、珍惜人才的企業管理者，才會真正地促進企業的發展。

有效授權

人才招攬進來，就是為了發揮才幹，如果放在一邊不用，就像食物放久了會發霉一樣。
——《億萬身價成功術：通透亞洲首富李嘉誠的經商智慧》

背景分析

李嘉誠非常愛惜人才，凡是他看中的人才，必然會得到重用，在公司擔任要職。他有他自己的人才計畫：職位是留給有才能的員工的，在他們的能力範圍內應留足讓他們施展自己的空間。如今，跟隨李嘉誠的那些高級管理層成員，無不得益於李嘉誠的人才計畫。

李嘉誠某次在出席汕頭大學學校董事會的路上，接到了公司一位經理打來的電話，說是有一筆十億港元的商業合同需要他簽字確認。李嘉誠當時就表示他在忙，讓這位經理自己看著辦。這位經理再次確認後，才驚覺他沒有聽錯，這是李嘉誠完全信任自己，充分授權給他。後來此事被長江實業的員工經常掛在嘴邊，畢竟沒有哪家公司的老闆會如此相信、授權部屬獨自承擔這麼一大筆生意。其實李嘉誠經常告訴自己的員工：「只要你有能力，就在工作中儘管發揮，不必擔心你的能力為人所忌，更不用擔心得不到重用。」

行動指南

有效授權有利於企業、領導者以授權者。對企業來說，無形中提升了整體效率；對領導者來說，可以節約出更多的時間來思考企業未來之路；更為重要的是為企業培養了未來管理人才；而相對於授權員工來說，這表示他得到了領導者的信任，也證明了他的能力，提升了職業技能。

第3週 Thu.

重賞之下必有勇夫

在事業上謀求成功，沒有什麼絕對的公式。但如果能遵循某些原則的話，那麼便能將成功的希望提高很多。

——李嘉誠給年輕商人的九十八條忠告

背景分析

幾乎每個成功的企業家身邊都有一群得力的幹將，李嘉誠亦然，他旗下就有無數優秀的人才為其效力。如果說李嘉誠創造了超人神話，那麼他手下的這些大將占了一半以上的功勞。為什麼李嘉誠能網羅這麼多高級人才，為他所用，因為他重用他們，予以他們優厚待遇。

霍建寧就是李嘉誠旗下的一位不可多得的人才，他跟隨李嘉誠歷經多次商場征戰，即使在經濟危機席捲全球的大環境中，和記黃埔無不例外地受到影響，但霍建寧的薪酬仍高居不下。據《富比士》雜誌保守估計，二〇〇一年霍建寧在和記黃埔賺取了一千三百萬美元的年薪及獎金，身價約合一億零一百萬港元，令最為昂貴的滙豐控股主席龐約翰也望洋興嘆❷，霍建寧成了名副其實的「打工皇帝」。

霍建寧是會計出身，一九七九年進入李嘉誠的長江實業，在長江實業待了五年之後轉到和記黃埔旗下，並被李嘉誠欽點為和記黃埔的總經理。多年來，霍建寧為和記黃埔南征北戰，立下了汗馬功勞。一九九〇年代初，霍建寧被李嘉誠派往英國，重組當時還處於虧損狀態的行動電話業務，也就是Orange（橙）電訊的前身。霍建寧在英國，短時間內就扭轉了敗局，並使Orange成功上市，為李嘉誠的電訊業務賺得第一桶金。

霍建寧一椿椿漂亮的手筆，無不為和記黃埔贏得巨額利潤。李嘉誠深諳「重賞之下必有勇夫」的道理，企業要想留住人才、讓人才發揮最大效益，就需要施以好的待遇，如此，優秀的人才會為企業創造更多的財富，形成良性循環。

行動指南

雖然金錢不是萬能的，但利用高薪激勵人才是非常管用的一招。高薪激勵是一種手段，更是一種戰術。只有激發出個人的潛力，才能為企業創造更多的效益。

第3週 Fri.

善待部屬

公司的大門永遠為你們開著，只要在外面做得不開心，隨時都可以回來。

——《億萬身價成功術：通透亞洲首富李嘉誠的經商智慧》

背景分析

李嘉誠在經營塑膠花產業時，由於企業創辦不久，在策略上出現了失誤，導致產品大批滯銷。為了降低成本、改善企業經營狀況，李嘉誠被迫大幅裁員。這在其他公司看來是很正常的事，李嘉誠在做出這樣的決定時卻非常痛苦，因為這些被裁者都曾為公司付出貢獻。他認為此次事件的發生，全在於自己的經營策略失誤。為此，他專門向那些被辭退者做出鄭重承諾，只要以

❷當年龐約翰的年薪為二千零一十二萬港元。

後公司狀況轉好，一定會再次請他們回來工作。對於那些員工來說，這只不過是一句安慰的話，但不久後，李嘉誠便兌現承諾，使那些重返工作崗位的員工比以前更努力。

李嘉誠不僅對在職員工非常好，對那些即將離職的人員也總是歉意滿懷。他常常反省，自己公司有員工離職，是否是因為公司給予他們的待遇或發展空間不夠好。所以在多數情況下，只要他有時間，必定會替離職的人員舉行餞別酒會，同時表示歡迎他們隨時回來。

行動指南

企業的未來與員工當前的努力是成正比的。管理者對員工百分百地真心，那麼員工就會對企業百分之兩百地忠心。

第4週
Mon.

只要有能力，就要給新人機會

經營企業哪有不承擔風險的，如果只擔心風險，不給年輕人鍛鍊的機會，那麼公司十年或二十年之後，還能夠靠誰呢？現在冒點風險，就是為了避開以後的風險，讓他們年輕人放手去做吧，我們就是他們的堅強後盾。只要有能力，就要給他們機會。

——《億萬身價成功術：通透亞洲首富李嘉誠的經商智慧》

背景分析

李嘉誠非常重視年輕幹部的培養。在任用年輕人方面，他從來不拘一格，只要覺得他們有潛力，可以勝任更高的平台時，總會果斷地提拔。

被譽為「東方女超人」的周凱旋，因為參與李嘉誠所投資的亞洲最大建築群——東方廣場而聲名鵲起。當時的周凱旋既沒背景，工作經驗也不多，也沒有顯示出多少過人之處。李嘉誠與她第一次見面時，完全沒有過問她的經驗和閱歷，只是問用什麼辦法可以搞定拆遷和土地平整這件事。他們的談話只花了五分鐘左右，李嘉誠便一口答應了周凱旋提出的傭金要求，並交由她負責東方廣場的所有事務。李嘉誠認為，工作經驗日後可以慢慢積累，業務能力弱也可以後期慢慢培養，唯有那種做大事的氣魄和胸懷，不是每個人都能夠擁有的，這正是周凱旋贏得李嘉誠信任的原因，這種能力是與生俱來的，因此李嘉誠大膽雇用了她。周凱旋不負眾望，果然在六個月後漂亮地完成任務。❸

❸周凱旋當時在董建華就任香港特首前的東方海外公司任職，公司正準備投資北京王府井一帶的土地，但北京當局要求必須連同周邊一併開發，範圍要比原本預估的大上十倍，周凱旋當機立斷，建議全部承攬下來。在董建華的授意及引薦下，周凱旋說服李嘉誠挹注二十億美元，並從中獲得四億港元的傭金。

對此，李嘉誠解釋為：經營企業總需要承擔風險。但如果只擔心風險，不給後進的年輕人一個鍛鍊的機會，那公司在十年或二十年後就會無人可靠，後繼乏力。現在冒點風險，就是為了避開以後的風險。只要他們有能力，就要給他們機會。

行動指南

後進者是企業未來的希望。企業要敢於大膽任用有能力、有氣魄的年輕人，讓他們在能力範圍內大展拳腳。

第4週 Tue.

犯錯才能學習

作為一名企業家，要做到「用人不疑，疑人不用」，只要選定了人才，就要敢放手讓他們去幹，不要怕他們犯錯誤。總會有一、兩次犯錯，不可能永遠都犯錯。

——《億萬身價成功術：通透亞洲首富李嘉誠的經商智慧》

背景分析

企業培養一個好員工不容易，自然不希望他犯錯，但這幾乎是不可能的。有些公司領導者就認為，曾經出現過失誤的員工，以後很難擔當大任。但李嘉誠不這麼想，他不怕員工犯錯，反倒認為沒有任何人會希望自己經常犯錯，只有經歷過失誤，並且能從中學會新的東西，以後才不會在同樣的路上摔倒，企業為員工的錯誤買單也就值得了。

長江實業集團一位年輕的經理曾經在和外商談判的時候，由於外商的傲慢無理而大發脾氣，再加上年輕人在處理這方面事情上的經驗不足，最終在談判桌上和這位外商吵了起來，合約自然沒有談成。當時，這位年輕的經理以為必會受到李嘉誠的嚴懲，但李嘉誠只是讓這位經理回家好好總結一下經驗和教訓，叮囑他多注意談判技巧，然後繼續和這位外商談判，最後這位經理出乎意料地和外商達成了協議。

行動指南

人非聖賢，孰能無過。在通往成功的道路上誰都有可能有過失。但在犯錯時能及時意識到錯誤，及時更正，並反省自己錯誤的人，才能獲致成功。

巧用人才

用人的藝術，就是把最適合的人擺在最該出現的位置。

——《億萬身價成功術：通透亞洲首富李嘉誠的經商智慧》

背景分析

李嘉誠在人才任用方面有獨到的心得：他非常器重功勳元老，又時刻不忘提拔重用青年才俊；他的員工以中國人為主，但為了業務發展需要，也聘用了很多外國人。他的準則是，根據個人才能，把他們安排到適合個人發展的職位，根據當時的條件任用合適的人才，人才各盡其能，才會發揮出最大效益。李嘉誠會安排那些善於數字分析且做事謹慎的人擔任財務職位，進行企業融資工作；那些天性活潑、反應靈活、口才好的員工便讓他們去做業務，開拓市場。

一九八〇年代是長江實業房地產業務發展最輝煌的時候，李嘉誠大膽地起用了一批青年才俊，想憑藉他們的銳氣來搶占市場份額。到公司的業務相對平穩時，他又進一步慰問老將、重用年輕人，使他們能夠良好的配合，繼續推動公司的發展。後來隨著公司進軍國際市場的步伐不斷加快，在收購了大批外企後，李嘉誠又破格留下了那些外企人才為己用。外企員工的加入給李氏集團帶來的不僅是西方先進的管理經驗，更為重要的是東西方企業文化進行碰撞而產生出的新的企業文化和觀念。

這種因時、因地制宜的用人方法，讓李嘉誠的企業有效地避免管理老化、僵化的困境。

行動指南

作為企業的管理者，就要懂得適時、適勢地起用相應的人才為企業服務。

第4週 Thu.

用人從培養人才開始

知識改變命運，這是從我自己的經驗得來的。

——二〇〇七年六月，《聯合早報》

背景分析

在人才培育模式上，李嘉誠順應時代發展的潮流，並結合自己企業的特點，創立了一套適合自家企業實際發展需要的新型人才培育模式，不斷為長江實業輸送不同的人才。

李嘉誠曾選送長江實業元老周千和及其兒子周年茂赴英國進修法律，足見他在人才培育方面的超人眼光和魄力。當年周年茂還是一介書生，李嘉誠就相中了他，把他當作長江實業儲備人才培養，父子雙雙被送往國外進修，在長江實業是前所未有的。而周年茂也沒辜負李嘉誠對他的厚望，學成歸國後就被李嘉誠欽定為長江實業董事，其父周千和也晉升為長江實業董事副總經理，父子倆感恩李嘉誠的厚愛，在長江實業創下了無數優秀成績。此外，李嘉誠對自己的兩個兒子的培育方式亦值得一提，兄弟倆還很小的時候，就被李嘉誠帶在身邊，參加董事會議，讓他們從小就成為見習董事，此安排可謂獨具匠心。

行動指南

「知識改變命運，學習成就未來」，這是李嘉誠的名言，也是對企業管理者提出的要求。要想用好人才，就得適時地讓人才充電、培訓。企業對人才的培訓，其實是對人才資本升值的投資。因為只有那些真正對員工的技能、知識培訓十分重視的企業，才是具有長遠目光的企業，也是對員工負責的企業。

第4週 Fri.

重用有本事的人

重水平不唯文憑，重能力不唯年齡，重道德不唯技術。

背景分析

在人才招聘方面，許多企業領導者犯的最大錯誤便是不敢招聘才識與能力比自己強的人，生怕這些人將來搶走自己在公司的地位和顏面。殊不知，這樣正使自己丟了地位和顏面，更別說是財富了。

縱觀李嘉誠的用人觀，便可了解為什麼李氏集團發展如此迅速、良好，而且每年都沒有利潤削減的現象發生。李嘉誠的用人觀就是唯才是用、唯賢是用。譬如負責長江實業財務規畫的霍建寧，他在香港大學畢業後赴美進修，後來被李嘉誠延攬至旗下，擔任會計主任。之後霍建寧透過自修，考取了澳洲特許會計師資格，這時的他可謂意氣風發，因為憑藉這項資格，他可以去大英國協或地區擔任專業會計師。李嘉誠非常賞識他，在一九八五年就委任剛過而立之年的霍建寧為長江實業董事，後來又提升為董事副經理。

洪小蓮在長江實業亦是舉足輕重的人物，當年她只不過是李嘉誠身邊的祕書，幾經努力，她學識大增，終被李嘉誠重用，擔任長江實業的董事。洪小蓮是從基層發展起來的，她全面負責樓宇銷售時還不到四十歲。從中，不難看出李嘉誠破格擢升人才的氣魄和胸襟。也正是因為這些專業才能比李嘉誠還來得強的人才的注入，李氏企業這艘商業航母才能乘風破浪。

行動指南

企業領導者選拔任用人才的目的，是為了使企業精益求精。在選拔原則上要綜合考量，學會把因事擇人與因人任職相結合，從實際工作中考察人才，有效處理能力與學歷之間的關係。

Jun.
六月

誠信

讓你的敵人都相信你。要做到這樣，第一是誠信，即使吃虧也要堅持去做。

第1週 Mon.

誠信與回報

一個人一旦失信於人一次，別人下次就再也不願意和他交往或貿易往來了。人家寧願去找信用可靠的人，也不願意再找他，因為他的不守信用可能會滋生許多麻煩。

——李嘉誠給年輕商人的九十八條忠告

背景分析

創業初期，李嘉誠成天在大街小巷奔走，某天突然天降大雨，他無處藏身，只好躲在附近學校門口的一棵樹下。雨愈下愈急，李嘉誠身上的破衣服全都淋溼了，再不找個更好的避雨處，他就成落湯雞了。這時，一個中學生打著傘過來，正好看到了大樹下避雨的李嘉誠凍得渾身直哆嗦，便把傘遞給了他，李嘉誠感激得不知道說什麼好，那學生說沒事，只要放學之前把傘還給他就行了。

接過傘後的李嘉誠消失在大雨中，開始了他的工作，但由於事情太多，李嘉誠在放學時沒趕到學校，沒能把傘還給那位學生，他覺得自己失信於人，好生愧疚。第二天，李嘉誠去給學生送傘，卻沒見到他。一定要把傘還給那個學生，這是李嘉誠那時最強烈的念頭。第三天，第四天，第五天……李嘉誠一直在學校門口蹲守了七天，始終沒有見到那個學生。

後來，李嘉誠事業如日中天，成了全球華人首富，當年那所中學也搬遷移址，不知所去，但李嘉誠仍不死心，每次出門都一定要帶著那把傘，他要親手把傘還給主人，以表自己的謝意。二十多年過去了，李嘉誠打造了一個讓世人矚目的商業帝國，他的商業活動遍及世界各地，此時的他已經沒有過多的精力再親自去彌補當年的遺憾，而委派行政部一名經理去找。

能力超群的經理領命後，也沒能找到那個學生，讓李嘉誠頗為不滿，認為他辦事不力，一怒之下便把他下放到基層公司。臨走那天，那位經理找了李嘉誠，誠懇地希望李嘉誠能把那把傘給他。滿腔怨氣的李嘉誠說：「不必了，此事我會另派他人去做，你走吧。」滿心委屈的經理似乎陷入深思，最後道出了其中緣由：原來他就是當年的那個中學生，當時他把傘給了李嘉誠後，第二天就轉學了，這也是李嘉誠一直沒能找到他的原因。後來，他到了英國上大學，多年的求學生涯使他忘了這事。畢業後，他慕名應聘進入李嘉誠的公司，李嘉誠尋傘主人的事他聽到了，想起了當年的往事。此時，要是他直接向李嘉誠說明，肯定會得到不一樣的待遇，但他不想讓那把傘成為他在公司得到特殊照顧的原因。於是他決定從小職員做起，皇天不負有心人，經過辛勤的工作後，他一直做到了行政部經理。現在，李嘉誠要他走，他能理解李嘉誠的苦心，也不想提出別的要求，只想說明事實。

李嘉誠聽完後感到非常懊悔，他走到張經理面前，給他鄭重地鞠了一躬：「真是抱歉了謝謝你當年對我的幫助，這件事對我的影響很大，雖然你不想讓我為你做什麼，但有一件事我想向你澄清，從你送我那把傘的一刻起，我就把它算了百分之十的創業股份，現在，我把這些股份還給你，請你接受。」有些驚詫的經理心裡清楚百分之十的股份是多麼厚重，但他還是拒絕了，說：「那把傘不值那麼多錢，擁有一顆良善之心是每個人立足的根本，所以，現在就請您把那把傘還給我吧。」一席簡單的話深深地打動了李嘉誠，李嘉誠雙手把那把傘還給了他。

行動指南

俗話說，滴水之恩當湧泉相報。做人一定要講誠信，不講信用的人終究成不了大事。做人也應該大度，既然幫助了別人，就不要奢求對方給予回報。不求回報的幫助，往往得到的會比回報更多。

第1週 Tue.

讓你的敵人都相信你

讓你的敵人都相信你。要做到這樣，第一是誠信。

——二〇〇七年十二月，接受《商業周刊》採訪

背景分析

李嘉誠說過，做人成功的重要條件就是讓你的敵人都相信你。要做到這樣，首先便是誠信，只要是答應過的事，即使吃虧也要堅持去做。於是，李嘉誠的誠信度愈來愈高，大家都認可，他答應的事比簽合約還有用。

有一次，長江實業想和一家公司合作，由於這家公司擁有大量土地，因此參與競爭的不只長江實業一家。有人就問這家公司的主席，這麼多公司為什麼就選中了長江實業？主席說了一句很耐人尋味的話：跟李嘉誠合作，很放心，合約簽好以後就萬事大吉了，不像其他公司，簽好合約的同時也是麻煩的開始。

因此，雙方經過一次會議就確定了合作計畫。之後也果然如那位主席所言，雙方配合愉快，是一次互惠互利的合作。

行動指南

商者，應該樹立公信度，如果連你的敵人、競爭對手都信任你，你的事業又怎能不成功呢？

第1週 Wed.

「誠」度危難

曾經有人問我，為什麼能將事業做大？答：無他，一字而已：信。

——接受《亞洲週刊》採訪

背景分析

李嘉誠創業之初，選擇的是塑膠行業，剛開始由於塑膠製品還很稀少，生產塑膠製品的廠家寥寥無幾，因此他透過粗加工的模式，仍然取得了很驕人的成績。就在李嘉誠陶醉在成功的喜悅之際，一場意想不到的滅頂之災突然降臨：有一家客戶強烈要求退貨，原因是李嘉誠工廠生產的塑膠製品品質差，做工粗劣；其他一些廠家甚至直接拒絕接受李嘉誠的產品，還要求賠償損失。與此同時，仍有一大批訂單攥在李嘉誠手中，而且客戶還不斷地催貨。面對這兩難境地，李嘉誠真是騎虎難下，如果停止生產，將會延誤交貨時間，就要面臨交罰款、說不定連老本都要賠進去的窘境。於是，李嘉誠親自蹲在機器旁監工，但這些老掉牙的要被淘汰的機器，品質從何保證？李嘉誠陷入了前所未有的困境。

李嘉誠的母親知道兒子遇到了困難，於是對他說了一個故事：曾經有個古寺的方丈，在垂暮之年要選拔一個誠實善良的弟子繼承他的衣缽。他有兩個弟子，為了測試他們的誠實程度，他採用了一個辦法：他把兩袋穀種分別交給這兩個弟子，告訴他們去播種，秋後誰收的穀子多，誰就是他的繼承人。轉眼間到了收割季節，兩徒弟都來見師傅。大徒弟挑來的是沉沉的穀子，小徒弟則兩手空空，老方丈卻把衣缽交給了小徒弟。大徒弟不服方丈的裁判，方丈解釋說，其實他給徒弟們的穀種都是煮過的，是不可能長出穀子的，目的就是考驗兩個徒弟哪個才誠實。聽了母親這則故事，李嘉誠瞬間頓悟了：誠信是生存、發展、戰勝一切的法寶。

隨後，李嘉誠真誠地一一向銀行、原料商、客戶負荊請罪，該賠的賠，該退貨的退貨。正是因為他一貫誠實、守信，口碑極好，大家接受了他的道歉，業績也漸漸回升。因此，是誠信幫李嘉誠度過了難關。

行動指南

危難之處見真誠，當身處困境，就要伸出誠懇的手，獲得大家的幫助與諒解，以誠感人，沒有過不去的坎。

第4週 Thu.

做一個有信用的人

一個有信用的人，比起一個沒有信用、懶散、亂花錢、不求上進的人，自必有更多機會。

——李嘉誠給兒子的十句話

背景分析

李嘉誠的童年是在磨難之中度過的，當年生活極度艱苦，然而這一切正好磨練了他的意志，為他日後的成功奠定了堅實的基礎。

一九四〇年，日軍大肆侵華，為了躲避戰亂，李嘉誠跟隨父母逃難到了香港，李嘉誠對當時的情境仍記憶猶新，那年他才十四歲。他的父親是一名教師，到香港後根本找不到工作，全家只好寄宿在舅父家。或許是戰亂的緣故，沒過多久，父親就患上了嚴重的肺病，彌留之際，父親沒什麼遺言，反而問李嘉誠有什麼願望。年少的李嘉誠當即就向父親承諾，以後一定讓全家過上好日子。父親離世後，養家重擔自然落在了身為長子的李嘉誠肩上。為了把這個家撐下去，李嘉誠放棄學業，去一家鐘錶公司打工，之後他又應聘到一家塑膠廠當推銷員。在塑膠廠，李嘉誠憑藉自己的智慧和誠信，把工作做得非常出色，不到一年就成了廠裡業績最好的推銷員。

行動指南

一個人只要活得誠實、有信用，就等於有了一大筆財富。

第1週 Fri.

最大的資產是信譽

顧信用，夠朋友，這麼多年來，差不多到今天為止，任何一個國家的人，任何一個省份的中國人，跟我做合作夥伴之後都能成為好朋友，從來沒有為某件事鬧過不開心，這一點我是引以為榮的。

——李嘉誠給年輕商人的九十八條忠告

背景分析

長江實業集團之所以成為許多國際企業的主要合作對象，是因為李嘉誠有良好聲譽和穩健經營的作風。很多情況下他總能洞察先機，運用一切可利用的機會與客戶建立長期合作關係。

李嘉誠除了與客戶有平等互利的商業關係外，亦從來不謀取短期暴利，還特別重視與客戶保持良好的個人關係，如此，雙方會有了更深切的了解，合作也變得更為緊密。一次，李嘉誠決定以私人方式出售其持有的百分之十的香港電燈集團公司的股份，但馬世民建議他暫緩出售，以便能賣更高的價錢。李嘉誠對此表示反對，他認為，自己獲利的同時還要留些好處給買家，將來再配售就會順利點。賺錢並不難，難的是保持良好的信譽。

李嘉誠在賺錢時，也想著讓對方能獲利，而不是把所有的錢都裝進自己的口袋裡。他認為只有這樣做，生意才會長久，才會立於不敗之地。

行動指南

沒有誠心，朋友會離你遠去；沒有誠意，客戶會對你敬而遠之。俗話說，商場如戰場，只有「誠」才能使自己立於不敗之地，這個字是做人處世的宗旨，也是事業輝煌的祕訣。

第2週 Mon.

誠信做人，認真做事

要想生意能夠做大，任何時候都不要騙人。因為騙人一時，不可能騙人一世。騙人一次，也就失去了他人一輩子的信任。

——《李嘉誠商道十戒》

背景分析

誠信做人，認真做事，是李嘉誠的本色。在他創辦長江塑膠廠的初期，由於資金不足，只能用破舊的廠房和機器生產，一些競爭對手便惡意地把相機鏡頭對準了那破舊的廠房和工人們。當那些照片被曝光後，李嘉誠並沒有把主要精力放在維護長江塑膠廠的外在形象上，他認為那樣勢必會捉襟見肘，反而無法釐清真實情況。李嘉誠堅決地拒絕了旁人給他出的「重新包裝、粉飾一番」的反宣傳策略。出人意料的是，他逕自背著產品找到代理商，誠懇地給代理商看產品，並且誠實地告訴他們，自己創業階段的廠房是破了點，就連他這個廠長也是夠憔悴的，但是他們生產的塑膠花精美且種類繁多，其品質足可證明一切。很多代理商被李嘉誠的誠實和勇氣打動。此後，有很多代理商都到長江塑膠廠參觀、訂貨。

李嘉誠借助那場風波，反而為工廠做了一次廣告。轉眼間訂單如雪片般飛來，再加上價格合理，有的經銷商甚至主動提出願意先付百分之五十的訂金。這都是李嘉誠誠實做人的收穫。

行動指南

誠懇老實做生意，是吃小虧賺大便宜；投機取巧做生意，則賺小便宜吃大虧。

第2週 Tue.

誠信相合，義感員工

第一，我支持你去看病；第二，不知道你太太的工作是否穩定，如果不穩定的話，她可以來這裡工作，我能擔保她一份穩定的工作。你太太有穩定的工作，你就不用擔心收入和生活了。

——《晉商之魂》

背景分析

李嘉誠經商歷來以誠信為基礎。其實，他的這種「信」與「誠」是不能獨立開的。兩者相合，誠和信結合成什麼了呢？李嘉誠深有感觸地說，那就是「義」。

李嘉誠公司裡有一名會計，工作了十多年，相當勤懇認真，但因患了青光眼，治療多次效果均不理想，無法再在李氏企業裡繼續工作了，而為了治病，他已經用完了公司規定的全部醫療費用。這件事被李嘉誠知道了，他支持這名會計再去求診，在得知這名會計的太太工作不穩定後，便鼓勵她到公司來工作，後來，那位會計在醫生的建議下去了紐西蘭休養。最讓那個會計感動的是，百忙中的李嘉誠始終沒有忘記他，在以後的許多年中，李嘉誠都會把他看到的治療青光眼的最前線資訊，從報刊上剪下來寄給他。會計全家人都被李嘉誠深深地打動了，他還不到十歲的孩子還畫了一張祝福卡，送給有恩於他們的李嘉誠。

行動指南

有謀有義，誠者自成！

第2週 Wed.

「義」對家人

我經常教導他們，一生之中，會有很多像這樣的時候，縱使有多十倍資金都不足以應付那麼多的生意，而且很多都是別人主動找自己。世界金融波動隨時會發生，要時常提防，最重要的是要教導他們守信。對人守信用，朋友之間有義氣。今日而言，也許很多人未必相信，但我實在覺得「義」字是終生用得著的。

——李嘉誠訓子語錄

背景分析

前面提到了李嘉誠對員工很講義氣，那麼作為一個優秀的父親，他對子女的教育又是如何呢？從心理學的角度來說，一個人對子女的教育，就能反映出他的想法和為人處世的態度。在教育孩子方面，李嘉誠用三分之一的時間傳授孩子們生意經，更多的時間則在教他們做人的道理。比如，兩個兒子還小的時候，他就教導他們不要跟他人攀比，要知書達理，誠實做人，絕不允許他們像其他的公子哥那樣目空一切。在他看來，最大的學問就是做人，這是成功的基礎。此外，他還教育他們要對人守信用，朋友之間要有義氣，不能為了錢而喪失了男人最寶貴的義氣。別小看一個簡單的「義」字，那是一個人受用終生的。

行動指南

要想在商場上立足，最重要的辦法就是：對人守信用，對朋友講義氣。

第2週 Thu.

做正直誠信的人

不管將來創業的道路如何險惡，不管將來的生活如何艱難，一定要做到在生意上不坑害人，在生活上樂於助人，做正直的人。

——《解讀李嘉誠經商不敗的奧妙：做人做事做生意》

背景分析

做誠實守信的人，是李嘉誠做人一貫堅持的基本原則。

一九四三年，李嘉誠的父親去世，為了安葬父親，李嘉誠買了一塊墳地，但是就在他要求看墳地時，才知道賣方給的是一塊埋有他人屍骨的墳地。為了賣給李嘉誠，他們想掘開這塊墳地，將他人屍骨移走。

李嘉誠對他們這種喪盡天良的行為氣憤不已，他簡直不敢相信世上居然有這麼歹毒的人。他想到自己的父親一生光明磊落，即使現在將他安葬在這裡，九泉之下也得不到安寧。李嘉誠知道買墳地的錢是退不回來了，但是他寧願失去錢財，也不願讓別人的屍骨被掘。李嘉誠告訴他們，不要掘地了，他另找賣主。這件事對即將行走商界、獨自開闢一條商業之路的李嘉誠來說，影響極大，尤其是在道義和金錢面前到底該怎麼選擇。也就從那一刻起，李嘉誠暗自發誓：不論以後的日子如何艱難，一定要誠實守信，絕不能坑害別人。正是憑著這樣的人生信條，他一步步踏實地努力和奮鬥，終於有了今天令人矚目的輝煌成績。

行動指南

經商不能坑害他人，不能把自己的利益建立在他人的損失之上。

第2週 Fri.

一諾千金

如果想取得別人的信任，你就必須作出承諾，一經承諾，便要負責到底，即使中途有困難，也要堅守諾言。

——《經商從做人開始：李嘉誠給年輕人的忠告》

背景分析

李嘉誠常常用前人的處世之道來教育下一代。在他看來，要想取得別人的信任，就必須遵守承諾，因此在作出承諾之前，務必要想好將來能不能兌現，如果無法兌現，最好別開口承諾；但是，一旦承諾，你就得履行到底，不管這個過程中發生什麼困難，也要堅守自己的諾言。

被稱為「新加坡股市金手指」的黃鴻年❶，對李嘉誠一諾千金的這一點深有體會。一九八九年，黃鴻年出價四千萬美元，欲購買李嘉誠手中的三棟建築。就在交易進行過程中，這三棟建築的價格連連上漲。李嘉誠的兒子親自辦理這樁交易，看到父親就這樣吃虧了，有些著急，立刻提出要追加五百萬美元的差價，可黃鴻年不同意。李嘉誠知道此事後，便馬上邀請黃鴻年前來赴宴，席間，李嘉誠當著黃鴻年的面給兒子打電話，叮囑他們還是按事先談好的價格進行交易，並且一定要把這件事處理圓滿。

還有一次，黃鴻年欲向李嘉成購買香港某停車場，他給出的交易內容是價值三億多港元的換股權證。就在雙方協商時，又殺出程咬金，某位買家也想購買同一塊地方，而且出的是現金，價格也比黃鴻年高出很多。這種情況下，換成他人肯定會捨低求高，但李嘉誠當即拒絕了，說已經把那地方賣給黃先生了，而且現在黃先生就坐在自己的身旁。李嘉誠的一番話讓黃鴻年深受感動，他對李嘉誠一諾千金的誠信作風稱讚有加。

行動指南

一個企業家行走商場要有足夠的資本，而誠信就是企業家最大的資本。

第3週 Mon.

立身處世重誠信

堅守諾言，建立良好的信譽，一個人良好的信譽，是走向成功的不可缺少的前提條件。

——李嘉誠語錄

背景分析

李嘉誠是華人商界的領袖，是財富的象徵。他的口碑和威信在香港、乃至華人商界都非常

❶黃鴻年，香港中策集團前主席，出生於印尼，其父黃奕聰是印尼財金界領袖人物，十歲左右被送回中國讀書，歷經文化大革命，往後數十年間先後於印尼、新加坡、中國和香港，但外界評價毀譽參半。

好，這些好聲譽的建立，靠的就是他的誠信。

一九九〇年元旦，李嘉誠的妻子莊月明因心臟病突發離開人世，一向堅強的李嘉誠悲痛萬分，情緒低落。可是為了如期參加汕頭大學的某項剪綵儀式，他還是克制住了個人傷痛，按時趕到汕頭大學，像往常一樣，精神飽滿地完成了談話。他對同學們說，開幕式不應因他妻子的逝世而改期，以免連累成千上萬的人。這件事可以看出李嘉誠積極面對生活的頑強個性，同時，也顯示出他以大局為重的處世態度和重信守諾的高貴品格。

行動指南

要想成為一個成功的商人，必須先誠信做人。要把誠信當作一種能生錢的可量化的投資，而不至於貪一時之利斷了根本。

第3週 Tue.

信譽是最寶貴的經營成本

信譽是不能以金錢估量的，它是生存和發展的法寶。

——《李嘉誠：華人首富獨步商界的不息傳奇》

背景分析

杜輝廉是英國人，出身倫敦證券經紀行，精通證券業務，李嘉誠的諸多股票投資都由他做參謀，可說是李嘉誠智囊團中的重要謀士，在業界稱其為李嘉誠的股票經紀人。多年來他和李嘉誠合作不斷，在李嘉誠的客卿之中，他是唯一一個不拿薪水的，可見李嘉誠在他心中的位置。

一次，杜輝廉對美國《財星》雜誌記者坦言，李嘉誠是位非同尋常的人，他的人格魅力是其他商人所不能及的。李嘉誠和杜輝廉之間的交易有的數額高達上億美元，如果是和他人合作，一定得有相關的文字依據，但和李嘉誠合作就省了這一步，雙方之間從來不寫任何白紙黑字。

商場如戰場，處處充滿了爾虞我詐，但中國傳統生意人不信這一套，「信譽」在他們看來是最重要、也是最寶貴的經營資本。李嘉誠就是這樣，他把李氏企業擴張到世界各地，也把中國人的傳統生意觀灑向了世界每個角落。

行動指南

誠信應該是企業家最基本、最寶貴的素質之一。在做生意時，要做到「以德經商，誠信立業」，樹立信守合約、履行承諾的道德標準，屏棄見利忘義、坑蒙拐騙等不良作風。

第3週 Wed.

令人信服並喜歡和你交往

你要相信世界上每一個人都是精明的，要令人信服並喜歡和你交往，那才是最重要的。

——《李嘉誠傳》

背景分析

李嘉誠在最初經營塑膠花生意時，由於當時事業剛剛起步，資金不免有些緊張，如果沒有後續資金，工廠將很難維持下去，甚至有關門的危險。就在李嘉誠一籌莫展的時候，一個急需大批塑膠花的海外客商奇蹟般地出現了，李嘉誠決心要抓住這個機會，他馬上帶著八款塑膠花，在一家咖啡廳約見了外商。李嘉誠說，十分希望能長期與這位外商合作，雖然長江目前沒有取得足夠的資金以及擔保，但是他們可以給外商提供全香港最優惠的價格、最好的品質、最精美的款式，並保證按時交貨。而且，他願意將自己帶去的八款塑膠花樣品送給外商，只是希望能有機會合作。李嘉誠一番坦誠的話深深地感動了外商，他當即同意了與李嘉誠的合作。

李嘉誠成功地拿下這筆生意，並由此提高了其在香港塑膠界的競爭力。經由這次合作，李嘉誠深刻地認識到：對那些一心想抓住機會的人來說，不管局勢有多麼艱難，只要有發自內心的誠意，機會永遠都會有的。

行動指南

坦誠是最好的解說詞，也是生意場上必須堅持的金科玉律。

第3週
Thu.

信譽就是生命

我生平最高興的，就是我答應幫助人家去做的事，自己不僅是完成了，而且比他們要求的做得更好。當完成這些承諾時，那種興奮的感覺是難以形容的。

——「李嘉誠自傳」影片內容

背景分析

李嘉誠是一個守信用、重承諾的人，他絕不開空頭支票，向來說到做到。

一九八七年，長江實業系四大公司發行新股，推出百億集資計畫，並決定採用「連鎖包銷」形式，即由長江實業系認購一部分新股，剩下的則由萬國寶通國際、獲多利、新鴻基、加拿大伯東融資及百利達亞洲等五家信託基金公司負責包銷。但是卻不幸遇上全球性大股災，香港股市瞬間由牛市轉為熊市，每一家公司所擬定的供股價都比市價要高出三成以上，出現了大幅度不足額認購的情況。

於是，有記者問李嘉誠：這次股市大跌，百億集資計畫是否會有所改變或暫時取消？李嘉誠說，這次集資，其中百分之五十是由他認購包銷的，和其餘包銷商的正式合同尚未簽署，如果要暫時取消，在法律上是可以的，但他不想讓人批評他不守信用，因為股價跌落就取消包銷，所以，他個人承擔的責任一定照數兌現。他希望維持長江實業系的合理股價，並且坦誠地說，自己這樣做也是在鞏固長江實業各公司的信譽。

李嘉誠最後還是按協議，認購了長江實業一半的新股，共付現金十餘億港元，此舉使他的帳面損失高達三億五千萬港元。但是，他重諾守信的行為鼓舞了上述五家包銷商及數百個分銷商，他們紛紛按合同認購新股。最後，長江實業四家公司的百億集資計畫大功告成。

行動指南

信譽是企業生存的基石。作為商人，要想行走商場，就必須樹立信譽，切不可背信棄義。

第3週 Fri.

珍惜名譽

一個不注重自己名聲的人，是沒有任何信譽的。

——《李嘉誠商道十戒》

背景分析

作為一個成功的商人。李嘉誠深諳形象的重要，並且堅持以受歡迎的姿態出現在公眾面前。

雖然香港被英國人統治多年，但實際上還是個華人社會，君子作風仍舊符合中國人傳統的道德觀，因此如果行為不慎或不檢點，都會破壞自己的形象，從而帶來商業上的損失。所以，李嘉誠自經商後就十分注意自己的言行舉止，而他從小深受傳統文化的薰陶，加上父母對他的諄諄教誨，使得他一直視名譽為生命，時時處處表現出謙謙君子之風，因而被人稱為「儒商」。

李嘉誠非常明白「盛名所累」的道理，他在看完蘇東坡❷的故事後，就知道什麼叫無故受傷害，這真是很無奈。所以李嘉誠吸取前人教訓，名聲愈大，愈是注重言行。一直以來，李嘉誠熱心公益，形象正面，這就是他注重保護名譽的成果。

❷宋朝文人蘇東坡因才氣橫溢而很早便盛名遠播，但仕途卻十分坎坷，曾遭貶謫、入獄甚至抄家，最後孤獨終老。

1月 2月 3月 4月 5月 6月 7月 8月 9月 10月 11月 12月

行動指南

名譽是一個人的形象，珍惜名譽就是維護自己形象。珍惜名譽是經商成功的永恆法則。

第4週
Mon.

義在財先

我們不是沒想過借熊退市，但趁淡市以太低的價錢收購，對小股東來說不公平。

——《李嘉誠全傳》

背景分析

李嘉誠和其他商人一樣，也是在辛苦奔波中構建自己的財富金字塔，但他一直恪守一個原則，那就是「義在財先」。在他看來，那些有害的生意即便社會允許做，他也不會染指。他總是教導自己的部屬目光要放長遠，不要被眼前的一點蠅頭小利所誘惑，只有著眼大局，才能把市場做大。為商者要依靠自己的智慧和能力賺取合乎道義的錢，而不應賺那些引人非議的骯髒錢。

李嘉誠在股市上的投資，正體現了他義在財先的思想。他憑藉自己的智慧，在股市上取得了不俗的業績，但並沒有因此一走了之，他深知股市的殘酷，於是想盡一切辦法，把從股市中賺來的利益補償給一些損失慘重的散戶，比如將旗下的一些上市公司進行改革，使其成為私有公司，以便讓利於小股東。

李嘉誠沒有像其他股票投資者那樣騎牛上市、借熊退市，而是反其道而行，主要目的是為了讓散戶們得到實惠。一九八五年十月，香港股市再逢牛市，形勢一片大好。這時，李嘉誠卻宣布將旗下的國際城市有限公司實行私有化，也就是要收購國際城市小股東的股份，他的出價是每股一點一港元，比當時的市價高出一成。消息一經傳出，就有人開始指指點點，甚至有人批評李嘉誠看走了眼，牛市時期是實行私有化的最好時間嗎？李嘉誠說，他不是沒想過借熊退市，但如果在淡市收購，無疑是趁火打劫，對小股東是極不公平的。

中國有一句很經典的話：大智若愚，李嘉誠這種看似頑愚的行為，實則是真正的大智慧。

行動指南

義在財先，才能籠絡人心；有義才能生財。

第4週 Tue.

照顧對方的利益

要照顧對方的利益，這樣人家才願與你合作，並希望下一次繼續合作。

——《李嘉誠：財富人生》

背景分析

要想在商界縱橫馳騁，好的人緣至關重要。

李嘉誠生意場上的朋友數不勝數，只要和他有過一面之交的人都有可能成為他的合作者。在李嘉誠看來，交朋友的前提是善待他人，照顧到他人的利益，而誠實和信譽則是交朋友的保證。只要做到這兩點，你就會有很多朋友。

當年，李嘉誠和包玉剛爭購九龍倉，又從老對手置地那裡購得香港電燈，還一度率領華商圍攻置地。一樁樁生意戰如今還歷歷在目，但令李嘉誠欣慰的是，他並沒有因此和對手結下深仇大恨。每一次交手後，他都能與對方握手稱和，並聯手發展事業，實現共贏局面。

李嘉誠的商業競爭原則是：商業合作、競爭中的雙方都要從自己和對方的利益、立場出發，不可盛氣凌人，把對方逼到絕路上去。如果態度過於強硬，則很可能導致對方出現拚死一爭的決心，不利於長遠的合作。

行動指南

付出等於收穫，要想有所得，就得先有所付出。經商的過程就是服務的過程，你只有先照顧好對方的利益，對方才會照顧好你的利益。

第4週
Wed.

信用最重要

一時的損失，將來是可以賺回來的，但損失了信譽，就什麼事情也不能做了。

——《李嘉誠經商智慧全書》

背景分析

李嘉誠認為信譽是企業能否順利發展的關鍵，不論是在香港還是在其他地方做生意，信用都是最重要的。一時的損失，將來還可以賺回來，但損失了信譽，就什麼事情也不能做了。

一九八三年，長江實業以發行二千四百多萬股新股獲得資金，以購買青洲英坭合作發展的部分土地。長江實業每股作價九點二五港元，附帶條件是：李嘉誠以私人名義向青洲英坭保證，在這些新股發行之日起十四個月內，青洲英坭在任何時候都可拿這些股份向他換回價值九點二五港元一股的現金。也就是說，李嘉誠私人承諾，做了長江實業股價不下跌的保障，他這種犧牲自己利益的作法，在全世界的上市公司中是史無前例的。

李嘉誠做生意的宗旨是以誠待人，決不投機取巧。他在向客戶做出承諾後，無論碰到什麼困難，仍堅持履行對客戶的承諾，以取得客戶的信任。

行動指南

做生意，丟失了信譽，就丟失了一切。

第4週 Thu.

信譽為魂

資金是企業的血液，是企業生命的源泉；信譽、誠實也是生命，有時比自己的生命還重要。

——《世界上最有價值的商道》

背景分析

信譽是企業的一筆無形資產，是企業持續發展的永久動力。如果為商者把經商最基本的底線——信譽——都失去的話，那麼失去的將是整個市場。縱觀那些最有成就的世界知名企業，哪個不是腳踏實地、以良好的信譽而為人們所稱道？李嘉誠經營企業正秉承了這樣的態度。

二〇〇七年年初，有香港市民因為食用了李嘉誠的百佳超市❸賣的油魚而腹瀉，此事被媒體爭相曝光、追問。李嘉誠對此非常在意，且在事件發生後的處理非常負責任。他的店是香港唯一說明「鱈魚又名油魚」❹的店，並且承諾可以退換貨，如果客人吃了有問題，他們願意承擔醫藥費。雖然此事讓李嘉誠失分不少，但是他的處理態度再次體現了以服務為本、以信譽為魂的經營理念。

行動指南

服務和誠信是企業的兩把利劍，只要將服務做到極致，堅持誠信到底，企業必能做大做強。

❸百佳超市為和記黃埔旗下、屈臣氏集團所擁有的連鎖超市，於中國華南及港、澳等地均有設點，在香港的市占率僅次於惠康。

❹當年年初，媒體揭露百佳超市以鱈魚之名，販售價錢低了數倍的油魚急凍魚柳，且多名消費者投訴食用後出現肚瀉及排油情況。對此百佳指稱，油魚為鱈魚的一種，公司並未涉及品質和安全問題。但香港管理當局表示，油魚與鱈魚是不同種類，油魚含有人體不能消化的蠟酯，部分人食用後可能腹瀉，且已有多國不准進口、出售。由於百佳在事後才於包裝上列出警語，且無法確切釐清貨源，引發民眾不滿，於該年年底被處以罰款。但此事件亦連帶揭發了部分零售商以平價油魚充當鱈魚的欺瞞行為。

第4週 Fri.

以誠交友

一家企業的開始，意味著一個良好信譽的開始，有了信譽，自然就會有財路，這是必須具備的商業道德。就像做人一樣，忠誠、有義氣，對於自己說出的每一句話、做出的每一個承諾，一定要牢牢記在心裡，並且一定要做到。

——《中華儒商智慧全集》

背景分析

李察明被稱為北美房地產大王，他曾經一度陷入財務危機，急需一位重信譽且有實力的人幫助他度過難關，並建立長期合作關係。俗話說：「瘦死的駱駝比馬大。」何況李察明的財務危機只是暫時的，誰不想和他保有合作關係呢？

經過仔細考察，李察明最終選擇了李嘉誠，因為李察明相信李嘉誠的為人。同時為了表明自己的誠意，李察明將紐約曼哈頓一座大廈百分之四十的股權，以四億多港元的折扣價拱手讓給了李嘉誠。在這筆交易中，李嘉誠獲得的巨大利潤是不言而喻的，更重要的是，他和李察明由此建立了深厚的友誼，為他今後事業的發展開拓了更為廣闊的空間。

交朋友要以誠相待，誠者之人，敬之；信者之人，信之；不誠不信之人，驅之。

行動指南

恪守承諾對於一個人來說不僅是美德，更是對自己和對他人的尊重。如果能擁有具備這種美德的朋友，是莫大的幸運。

Jul.
七月

自我管理

我不看小說，娛樂新聞也不看，這是因為從小要爭分奪秒「搶學問」。今天我仍然繼續學習，儘量看新興科技、財經、政治等有關的報導，每天晚上還堅持看英文電視，溫習英文。

第1週 Mon.

別讓憤怒影響解決問題的能力

這疤痕是我十四歲的時候，憤怒的印記。

——二〇一三年六月二十七日，於汕頭大學畢業典禮上的談話

背景分析

二〇一三年六月二十七日，李嘉誠出席汕頭大學畢業典禮，在會上披露了自己的身體狀況，他說自己最近因急性膽囊炎，不得不入院進行手術，好在身體並無大恙，現已康復。李嘉誠表示，此次手術不是什麼大事，卻讓他憶起了年少時一段讓他倍感孤獨和怨憤的事。

那是一個寒風透骨的冬日下午，十四歲的李嘉誠在工作間裡割塑膠褲帶，寒冷的天氣讓他的手腕失去靈活性，便不慎把手指割破了，鮮紅的血液順著手指流個不停，但他硬是沒有吭聲，迅速纏上膠布，轉身又投入到工作間嘈雜的操作中。由於處理得很倉促，傷口發炎了，疼痛難忍，他才到診所去看醫生。

數年後，李嘉誠已經名甲一方，有一位記者就割破手指一事採訪了李嘉誠，並感慨地說：「你的成功，是以血的代價換得的。」李嘉誠卻微微一笑，說：「其實也不能這麼說，那些都是我願意做的事，一個人只要心甘情願去做某件事，對所有的困難和苦難都不會在乎的。」這是李嘉誠後來的答覆，其實，當時的李嘉誠心裡是多麼的感慨。就在他割破手指、不知如何止血的瞬間，他的目光掃過了公司高層視窗，此時，高層正坐在溫暖的室內悠閒地品茗，而他卻在刺骨的

寒風裡繼續勞作，「我默然感到很孤獨、很怨憤，我失手割傷了自己，深可見骨，還記得血從傷口由紅變黑，當時心中只有一個念頭：自己一定不再成為那麼可憐的人。」

自己經受著骨肉的疼痛，別人卻在溫暖中享受，對比是多麼鮮明啊，但李嘉誠並沒因此而停留在抱怨上，多苦多難的他從小就懂得怨憤會使思維欠缺，只會令人更軟弱、更讓人瞧不起，而付出更大代價和承受更大痛苦。稍事安慰後，他迅速將憤怒轉為對自己更高的要求，現在想來，當時的這個念頭對李嘉誠的影響是多麼巨大！

在汕頭大學的畢業典禮上，李嘉誠藉此勉勵汕大的師生們，他說，現在的年輕人面對的最大挑戰，就是對社會不平等的抱怨，年輕人不要被內心的憤怒而左右了自己解決問題的能力，否則只會承受更大痛苦。

行動指南

不要一味地抱怨自己的境遇，一個人對社會關懷和參與的那份堅持，是解決不公平問題的最佳方案，做為新時代的年輕人要奮力去創造改變，不是空談改變。

第1週 Tue.

管理者的首要任務是自我管理

在我看來，要成為好的管理者，首要任務是自我管理，在變化萬千的世界中能發現自己是誰，了解自己要成為什麼模樣，建立個人尊嚴。

——二〇〇五年六月二十八日，於長江商學院「與大師同行」講座上的談話

背景分析

李嘉誠經營企業很注重管理的藝術，他認為在人生不同的階段，都需要有不同的夢想，並為之奮鬥。

李嘉誠的童年是在貧窮饑餓中度過的，然而年僅十四歲的他即立下了一個既簡單又沉重的目標：自己必須掙得足夠一家人存活的費用。就是在這樣樸實理念的指引下，二十二歲的李嘉誠終於成立了屬於自己的工廠。以前在替他人做事的時候，他憑耐忍、任勞任怨就可以了，但是現在有了自己的公司，這些已經遠遠不夠了，於是他開始注意降低失敗機率，這為他以後穩健的經營打下了良好的基礎。李嘉誠還認為，知識必須與意志相結合，靜態管理自我的方法必須延伸到動態管理中，理性的力量加上理智的力量，另外還得避免讓聰明的組織做愚蠢的事，才是問題的核心。

行動指南

只有了解自己的個性，才能充分發揮自己的優點。

第1週 Wed.

名譽是第二生命

名譽是我的第二生命，有時候比第一生命還重要。

——《李嘉誠全傳》

背景分析

李嘉誠的行為向來非常檢點，他對那些女明星、女藝人、港姐、亞姐等向來敬而遠之，甚至不會與她們合照。香港某刊物曾祭出重賞，宣稱如果哪位女明星能和李嘉誠合照，他們可出四十萬港元的天價買她的照片。

其實這也實屬無奈，很多曾經成功的商人都因行為不檢點而斷送了自己的前程。李嘉誠視名譽為生命，在他看來，清譽比榮譽更為重要。李嘉誠處世非常小心，就算是很細微的問題，他也都會認真對待，以免給對方造成麻煩，或產生什麼其他的想法。不知內情的人都以為，他應該對自己「超人」的稱號早已坦然接受了，但事實並非如此。一位記者在訪問時直稱他是香港商界的超人，李嘉誠馬上避嫌說，此話太過了，他只是個普通人而已。

行動指南

要想成為一個有影響力的商人，就要檢點自己的行為，錢可以少賺點，名譽卻不能有損。

第1週 Thu.

簡樸生活更有趣

作為一個商人，最重要的是利用財富去造福社會，而不是去填飽自己的私慾。

——《李嘉誠經商智慧全書》

背景分析

人們總是會認為富豪就一定會過著紙醉金迷的奢靡生活。然而，並不是每個富豪都如此，李嘉誠就是一個反潮流的人。

李嘉誠從一家小塑膠廠起家，直到成為香港地產業的龍頭老大、成為香港首富，這期間經過了三十多年。至今，他仍住在一九六二年結婚前購置的深水灣獨立洋房裡。李嘉誠有兩艘遊艇，已經使用了很多年，如今看來也算不上豪華。李嘉誠的衣著也一直保持樸素：他常穿不算名牌、款式比較陳舊的黑色西服。他曾說過：「衣服和鞋子是什麼牌子，我都不怎麼講究，手上戴的手錶也是普通的，已經用了好多年。」在公司，李嘉誠每天都與職員吃一樣的工作餐，他去巡視工地時，也總是與工人們一起津津有味地吃著便當。

李嘉誠的生活不但離奢侈這個詞很遠，甚至稱得上是儉樸，他不抽煙、不喝酒，也極少跳舞，唯一的高檔嗜好就只有打打高爾夫球。

行動指南

成由勤儉敗由奢。勤與儉是積累財富不可或缺的兩方面，對一名企業家而言，任何時候都不應該丟掉勤儉這個好習慣。

第1週 Fri.

總在「搶學問」

我不看小說，娛樂新聞也不看，這是因為從小要爭分奪秒「搶學問」。今天我仍然繼續學習，盡量看新興科技、財經、政治等有關的報導，每天晚上還堅持看英文電視，溫習英文。

——《李嘉誠金言錄》

背景分析

李嘉誠年少時被迫輟學擇業，至今仍沒有機會進入學校求學，但他的學識和才智廣為人所稱道。「搶學問」這個詞就是他創造的，他說自己不是求學問，而是搶學問。他的知識基本上是靠讀書得來的。十四歲時，李嘉誠因生活所迫，到一家茶樓打工，他的同事們閒暇時都聚在一起打麻將，他卻捧著一本《辭海》仔細閱讀。雖然每天要工作十五個小時以上，李嘉誠回家後還會堅持點著油燈苦讀，有時想到要睡覺時，卻已到了上班時間。到中南公司❶做學徒後，時間稍有寬裕，李嘉誠又決定利用工作之餘自學完中學課程。由於當時李嘉誠的工資微薄，還得維持家用、供弟弟妹妹上學，根本沒有多餘的錢來買教材，他只能先買舊教材，學完後賣了再買另外的舊教材學習。

李嘉誠一生都在搶學問，他認為，財富源自知識，知識才是個人最寶貴的資產。

行動指南

思想決定境界，境界決定視野。只有當思想達到一定高度，才能更具有高瞻遠矚的視野，而思想的層次又源於知識面的廣闊。保持良好的閱讀習慣，博覽群書，才能成就一個人的未來。

第2週
Mon.

修己而後才能安人

安人先修己。

——《李嘉誠的大局觀與細節處理》

背景分析

一生游走於商界的李嘉誠對管理有著獨特的看法。在他看來，管理的宗旨並不是「安人」，

❶ 中南公司，即李嘉誠舅舅的鐘錶公司。

而是要賦予企業生生不息的光芒。

李嘉誠的管理理念非常鮮明：一方面，管理者要善待部屬，你對他們好，他們才會對你好，任何人都能成為企業的核心，但這需要管理者先付出，這也就是修己；另一方面，他十分清楚，好的管理並不是說幾句人文精神的話就能達到的，而是要力求在商業秩序模糊的地帶建立正確的方針。這就需要管理者能知人善任，量才而用，而不是只知道一味地充好人。畢竟，企業的核心責任是追求效率及贏利。正是基於這樣的管理理念，李嘉誠特意將感情因素注入企業管理的過程中，因而贏得了全球職業經理人的廣泛尊敬。值得說明的是，李嘉誠這樣做絕不是在追求安人的境界，因為安人是中國式管理中最具幻想色彩的東西。

行動指南

管理者的責任是為了讓企業生生不息，而一味地安人，只會拖垮企業。

第2週 Tue.

把手錶撥快八分鐘

（上班時間）主要是暢想未來吧……絕對不會用來考慮今天的事。實際上，工作時間的百分之九十以上是考慮並準備明年或者五年、十年後的事。

——二〇〇六年十月二十四日，在香港高爾夫球場前接受《朝鮮日報》記者的採訪

背景分析

李嘉誠的手錶總是比正常時間快八分鐘，目的是為了提前做好準備。十四歲時，李嘉誠在香港一家茶樓當跑堂夥計，當時老闆要求夥計們每天必須在清晨五點趕到茶樓。為了不讓老闆批評，李嘉誠把鬧鐘撥快八分鐘，每天總是第一個趕到茶樓。經過許多年的辛苦的努力，他終於成為香港首富，但他的錶仍然快八分鐘。如今，八十多歲高齡的他仍然保持這個習慣，快八分鐘是他勤奮的行動，正因為勤奮，他才比別人得到更多。

李嘉誠每一天的生命不但比別人提前開始，而且休息總比別人晚。每天早晨，他一定在五點五十九分之前起床，隨後聽新聞，打一個半小時的高爾夫。當員工來到公司時，他已經完成了一系列運動。晚上不論多晚，他都要把工作做完，絕不把工作帶回家。

李嘉誠把錶撥快八分鐘，其實是讓「錯誤的時間」告訴他一個正確的資訊：抓緊時間，準備迎接下一個挑戰。

機會是留給有準備的人的，李嘉誠就是這樣，在比別人快半拍的節奏中創造了一個又一個商界神話。

行動指南

把錶撥快八分鐘，是對付內心「拖拉」毛病的有效方法。

第2週 Wed.

管好自己，才能管好別人

大家都是公司的高層人員，公司上下數千雙眼睛都盯著我們看，我們要給員工做出一個好的榜樣。

——《億萬身價成功術：通透亞洲首富李嘉誠的經商智慧》

背景分析

李嘉誠的成功祕訣之一就是，無論何時何地都以身作則，給員工樹立一個很好的榜樣。在公司，李嘉誠雖然貴為董事會主席，他依然跟普通員工一樣遵守公司的規定，每天總是第一個到公司，最後一個離開。

李嘉誠不但時時注意以身作則，還要求公司高層嚴格執行制度。

比方說，他要求公司高層給員工開會的時間不能超過四十五分鐘，否則馬上終止會議，沒說完的事，自己再找時間跟員工說清楚。剛開始很多管理階層都不適應，開會時間往往超過限制，但是日子久了，大家都有明確的認識：雞毛蒜皮的事不必在會議上說，開會是為了把重要的事情集中在一起解決。

李嘉誠不僅這樣要求管理層，對自己也是一樣。有一次，他和幾名董事在一起開會，或許要說的問題很多，一個小時不知不覺就過去了，李嘉誠發現後，馬上向大家道歉，並宣布散會。但有幾個董事的問題還沒解決，而且非常緊急，因此他們想懇請李嘉誠破一次例，李嘉誠不僅沒有應允，反而語重心長地說：「大家都是公司的高層人員，公司上下數千雙眼睛都盯著我們看，我們要給員工做出一個好的榜樣。」

行動指南

「其身正，不令而行；其身不正，雖令不從。」作為管理者就要給部屬樹立榜樣，不能對別人是一套，自己執行起來卻是另一套。

堅持原則

我認為自己是一個堅持原則的人，不幸的是，許多人混淆了堅持原則和強硬，尤其是當這些原則有時意味著他們的要求會遭到拒絕時。

——二〇〇七年十一月二日，〈「超人」李嘉誠〉，《金融時報》❷

背景分析

李嘉誠是個很有親和力的人，同時也是個堅持原則、有時甚至有些固執的人。艾倫．哈森菲爾德（Alan Hassenfeld）是李氏家族玩具企業孩之寶（Hasbro Inc.）的董事長，他認為李嘉誠是個傳統的人，但也不失冷酷的一面；雖然身在新世界中，但骨子裡體現的卻完全是舊的價值觀。哈森菲爾德還舉例，他與李嘉誠談生意很爽快，從不簽合同，只要雙方握個手就解決了所有的問題。李嘉誠就是這樣，在堅持原則中贏得對方的信任，但是誰如果讓他丟臉或破壞規則，合作便就此打住，絲毫沒有轉圜餘地。對此，李嘉誠的解釋是：「不幸的是，許多人混淆了堅持原則和強硬，尤其是當這些原則有時意味著他們的要求會遭到拒絕時。」

行動指南

工作中堅持原則，該強硬時就要拿出魄力！堅持原則並不等於死板，必須視具體情況變通。

捐款講究解決問題

生活其實很簡單，需要的錢不是很多的，曾有人問我一共捐出了多少錢，我說我一向沒統計，大抵有幾十億，也可能沒人信。

——《李嘉誠經商智慧全書》

背景分析

李嘉誠是個道德至上的人，他的每句話幾乎都經過深思熟慮，更可貴的是他並不僅是說說而已，同時也是這樣去實現的。一次在談及捐贈情況時，李嘉誠說：「一個人生活其實很簡單，需要的錢不會很多的，曾有人問我一共捐出了多少錢，我說我一向沒統計，大抵有幾十億吧，也可能沒人信。」

聽了李嘉誠的回答，一些不知情的人說他是沽名釣譽，歸根結底還是為了追求商業利益。然而，專職負責李嘉誠捐贈事宜的私人祕書梁茜琪女士對此事最為了解，她的回答無疑是最具權威性的，她曾深有感觸地說：「李先生的捐款與別人完全不一樣，別人捐出款項後，所考慮和關心的常常是其善舉為不為社會所知；而李先生考慮的是捐出款項之後，問題是否解決了，他的捐贈

❷《金融時報》（*Financial Times*），創刊於一八八八年的英國財經專業報紙，中文版部分內容為英文版譯稿。

是真正發自內心的。」

行動指南

道德規範是構成領導力的基礎，喪失道德的領導必然會喪失他人的信任。要想成為優秀的領導者，就必須確定自己的道德底線，遵守基本的道德規範。

第3週 Mon.

打出自己的金字招牌

個人品牌是無形資產，財富是有形資產，如果一個商人想要出人頭地，必須要懂得經營和挖掘自己的無形資產，把無形資產變成有形資產。

——《李嘉誠成就一生大業的資本》

背景分析

李嘉誠說：「名氣就是你店鋪的名牌！」在這個競爭激烈的商業社會中，一家企業沒有品牌，必然樹立不起長久不衰的大旗，更談不上什麼發展前途了。經營生意要先經營名氣，名氣大了，生意自然就好，財源自然也會滾滾而至。因此，李嘉誠特別注重經營和挖掘「品牌」這個無形資產。

一九七三年秋，震撼世界的石油危機爆發，全球經濟陷入低谷之中，香港也難逃這片陰影。就在這個時刻，李嘉誠做了一件至今仍被香港商界奉為佳話的事：當時，香港的塑膠無不依賴進口，在價格方面，企業幾乎沒有發言權，全部由進口商壟斷；加之石油危機爆發，這些進口商更是投石下井，為了獲取更多的利益，把塑膠原材料的價格一再抬高，從原來每磅零點六五港元漲到每磅四至五港元。時任香港潮聯塑膠製造業商會主席的李嘉誠看在眼裡，急在心上，他決心為商界出一點力。

當時，李嘉誠已將經營重點放到房地產上，這場塑膠爭奪戰對他而言幾乎沒有太大影響，儘管如此，他還是決定搶救這一行。他倡議數百家塑膠廠聯合成一個大的塑膠原料公司，這樣就可不受因單個塑膠廠家的購貨量太小而不能從國外直接進口的限制，由聯合公司出面直接從國外進口塑膠原料，如此就可跳過進口商。原料進口後，按市價分配給各大股東廠家，如此，進口商壟斷的局面便迎刃而解。此外，李嘉誠不僅將長江實業十二萬四千三百磅的庫存原料，以低於市價一半的價格半賣半送給各個塑膠廠家，還把長江實業二十萬磅的配額原料以原價優先轉讓給對原料需求大的廠家。

李嘉誠此舉不僅在短時間內幫助了數百個廠家，對整個香港塑膠界的貢獻也是舉足輕重，一度消除了籠罩在香港長達兩年之久的塑膠危機陰霾，因此被香港塑膠界感佩地奉為救世主，而良好的名譽和聲望回饋給他的是源源不盡的生意和財富。

經營品牌是高層次的經營，它強調的是獲取勝利的省心術、省力術。品牌的經營表明：不管你做什麼事，不要只知道一味地猛幹、蠻幹、死命地幹，而要學會「詩外功夫」，在別人沒有注意的地方多動腦筋；要了解潛效應的作用，可以先打響自己的名聲，然後再謀畫其他的事。這一策略最大的好處就是事半功倍，小投入換得大回報。

行動指南

品牌意識造就品牌企業，只有打造出自己的品牌，才能在競爭中立一席之地。

第3週 Tue.

做不到的寧可不說

與新老朋友相交時，都要誠實可靠，避免說大話。要說到做到，不放空炮，做不到的寧可不說。

——李嘉誠語錄

背景分析

守信是李嘉誠一生恪守的原則，即使面對陌生人也不會改變。一九五〇年代，李嘉誠正在做塑膠花生意，每次路過皇后大道都會看到有個外省婦人沿街乞討，他都會或多或少地給那個婦人一點兒錢，但那婦人是從不伸手要錢的，於是他決定幫她做點小生意。他問婦人會不會賣報紙，婦人答沒做過，不過她的同鄉是做這一行的。李嘉誠就要她把那個同鄉帶來見他。

就在和婦人約好見面的當天，有個客戶正巧來參觀李嘉誠的廠房。本著賓客至上的原則，李嘉誠還是接見了那位客戶，就在雙方正談得興起的時候，李嘉誠突然說，對不起，他得出去一下，然後匆忙離開。客戶還以為李嘉誠上廁所去了，其實他是趕忙去見那名婦人和她的同鄉，李嘉誠詢問了他們一些問題後，就把錢交給了她。那名婦人非常感謝李嘉誠，當她問李嘉誠尊姓大名時，李嘉誠婉言謝絕了，並說，以後好好努力工作，不要再乞討過日子了。之後李嘉誠再趕回工廠，客戶著急萬分地問他：「為什麼洗手間裡找不到你？」李嘉誠笑而不答。

勿以善小而不為，細微之處亦盡顯李嘉誠為人守信的特質。

行動指南

管理者要把守信作為個人修養和社會道德的基本原則。

第3週 Wed.

自負指數

我常常問自己，我是否過分驕傲和自大？我是否拒絕接納逆耳的忠言？我是否不願意承擔自己言行所帶來的後果？我是否缺乏預見問題、結果和解決辦法的周詳計畫？

——二〇〇八年六月二十六日，於汕頭大學畢業典禮上的致詞

背景分析

二〇〇八年六月二十六日，李嘉誠出席了汕頭大學的畢業典禮，他和學子們分享了一個祕訣，李嘉誠稱它為「自負指數」。所謂自負指數，是指透過自己的反省來審查自己、衡量檢討自己的思想、態度、行為的心法。李嘉誠對自負指數的計算有四個標準：一為經常問自己是否過分驕傲自大。人無完人，每個人都有驕傲的潛在心理，但過分的自負便成為自己邁向更高點的障礙。二為是否拒絕聽取逆耳忠言。所謂忠言逆耳，良藥苦口，如果不能做到兼聽，怎能心明？三為是否敢於承擔由自己言行所帶來的後果。如果一個領導者不能承擔自己所犯的錯誤，那他所領導的企業也將失去前進的動力。四為執行計畫前，能否做好必要周詳的應急預案。好的計畫是成功的一半，沒有做好預案便盲目執行計畫，就有可能置企業於危險境地。

李嘉誠表示，一直以來，自負指數是指引他走向成功的導航儀。常常反省自己，用謙卑的心態來接納不同的聲音，綜合考慮各方的意見，是他能做出正確決策的保證。反之，如果任由自負的心態擴大，最後自必然會陷入自我膨脹的幻覺中，而失敗也就成勢必發生的結局。

行動指南

荀子曰：「君子博學而日參省乎己，則知明而行無過矣。」在取得卓越成績時，過分驕傲、自負其實是對自己能力的一種濫用。謙卑的心態是不斷向前的動力源。

第3週 Thu.

給自己加點壓力

按理，我現在應該沒有壓力了，但我還是不停地給自己加壓。有壓力並不是壞事，壓力往往會促使人進步。

——一九九九年十一月，與汕頭大學教師代表會談

背景分析

「生於憂患，死於安樂」，這是孟子的至理名言。一個人如果沒有一種緊迫感，沒有一種承擔壓力的責任感，就會缺乏前進的動力，最終會在競爭中不堪一擊。李嘉誠正式進入塑膠公司

前，公司只有六名業務員，李嘉誠在那個團隊中是最年輕、資歷最淺的一個，且這六個人都是公司的佼佼者，個個都積累了豐富的工作經驗，各自有固定的客戶群。在這樣的競爭環境中，李嘉誠的壓力可想而知，但他勇於挑戰，在他心目中，要做就要爭第一。李嘉誠暗自定下了近乎苛刻的目標：三個月內和其他業務員一樣優秀，半年後超越他們。為了達到這個目標，他奮發拚搏。經過一年的努力，他終於實現了預定目標。當老闆拿出財務統計結果對比時，就連李嘉誠本人都大吃一驚：他的銷售額竟然是第二名的七倍！

行動指南

有壓力才有動力，適當地給自己施加壓力，對目標的實現有相當大的推動力。

第3週 Fri.

健康最重要

健康好似提壩一樣，如果到快要崩堤了才補救，有可能花費多少人力、物力也救不回來。

——《華人首富李嘉誠生意經》

背景分析

李嘉誠在商場上被稱為超人，他的身體狀況方面也超乎常人，已年過八旬仍精神矍鑠，一如他如日中天的事業。

李嘉誠對健康有著不同尋常的看法：「人的健康如堤壩保養，當最初發覺有滲漏時，只需很少力量便可堵塞漏洞；但倘若不加理會，至崩堤時才進行補救，縱使花費更多人力、物力，亦未必能夠挽回。」他的日常習慣非常健康，每天生活都很規律，不抽煙、不喝酒，早晨六點以前便會起床，並堅持做一個半小時的運動，包括打高爾夫球、游泳及跑步，從不間斷。日常飲食更是以清淡為主，多素少葷，就是吃魚，也不吃名貴的海鮮，大多吃那些最便宜的魚仔，也就是香港人俗稱的「貓魚」。

李嘉誠還有一個健康絕招，就是閉目養神。《本草綱目》云「腦為元神之府」，主管思維，眼睛與大腦一脈相連，是大腦反映的直接體現，而人腦近一半的資訊又來自視覺，因此，閉目是對大腦最好的休息。如此「動靜」結合的養生方式，是李嘉誠保持健康的祕訣。

李嘉誠還十分重視推廣公眾健康教育。二〇〇〇年，他撥款一千萬港元給一個為期五年的「健康創繁榮」運動，目的就是培養市民的健康觀念，為市民提供免費健康測試及健康教育，使公眾了解養生的重要性。

行動指南

身體健康是最重要的事。只有身體健康，才有精力去做更多的事。

第4週
Mon.

一張一弛，文武之道

每天有效自我催眠三十分鐘，勝過平常睡眠八小時！

——李嘉誠談睡眠

背景分析

二〇一二年四月二十四日，李嘉誠的保健醫生王連清應湖南衛視節目之邀，席間透露了很多李嘉誠自我管理的內幕，其中就提到了如何休息。

在創業初期前十年，李嘉誠每星期都要工作七天，每天工作十五、六個小時是很正常的事。晚上回家後他還要自學英語，再加上當時工廠人手短缺，自己更是身兼數職，擔當起買貨、接單等瑣碎的工作，導致他經常睡眠不足，有時還因為睡不好而耽誤了不少事。現在李嘉誠看來，睡眠對一個人的狀態是非常有影響的，所以，他還學會了一套自我催眠的方法以輔助自己的睡眠，他說：「每天有效自我催眠三十分鐘，勝過平常睡眠八小時！」這也是我們現在能看到一個精力充沛的李嘉誠的緣故。

古有云：一張一弛，文武之道也。在激烈的商海之戰中，每位創業者都是上緊發條的鐘錶，這種精神是值得褒獎的，但應該記住的是：弦若繃得太緊，遲早會斷的，所以，要重視工作中的調節與休息，這樣不但有益於健康，對事業的幫助也是大有好處。

但事情總是那麼不湊巧，很多創業者總是被諸事纏身而無暇顧及休息，對此，李嘉誠說：「只有得到良好的休息，才會有充沛的精力去面對突如其來發生的種種事情。因此要擠出時間使自己得到良好的休息。」李嘉誠每天工作十多個小時，就是晚上回家，夜裡也常被邀約的電話拉起來去應酬。即便如此，李嘉誠現在仍精神抖擻，這都是得益於他善於安排時間的緣故。

行動指南

不會休息的領導也不會做事，領導如果忙得連休息的時間都沒了，唯一能說明的一點就是他缺乏有效的自我管理，不會規劃時間。當然，一個連時間都不會安排的領導者，又怎能有大的作為呢？

1月 2月 3月 4月 5月 6月 7月 8月 9月 10月 11月 12月

首先要讓他們喜歡你

管理一間大公司，你不可以樣樣事情都自己親力親為，首先要讓員工有歸屬感，使他們安心工作，那麼，首先就要讓他們喜歡你。

——《李嘉誠智傳》

背景分析

洪小蓮是李嘉誠非常信賴的手下，曾叱吒房地產市場近三十年。當年長江實業還未上市，洪小蓮只是李嘉誠身邊的一個小祕書，那時每逢午飯之際，她都會看一些娛樂性報紙來打發時間。有一次李嘉誠剛好走過，看到洪小蓮在看這些報紙，便說：「看這些東西，沒有益處的。」當時洪小蓮認為，看這些報紙並未占用上班時間，但事後她仔細回想，此話不無道理。於是她開始利用工作之餘學習和進修，還鼓勵部屬也跟進。如今的洪小蓮已是李嘉誠身邊炙手可熱的人物，她對李嘉誠更是崇拜有加。在回顧這段經歷時，洪小蓮才意識到，李嘉誠當時的那句話是對自己最好的關懷。「如果當年我的老闆不是李先生，就沒有今日的我。」洪小蓮如是說。

李嘉誠的成功，與他正確的管理之道分不開。他堅信：「管理一間大公司，你不可以樣樣事情都自己親力親為，首先要讓員工有歸屬感，讓他們安心工作，那麼，首先要讓他們喜歡你。」他獲得員工的喜愛憑的就是「心」。

長江實業的一位司機曾對採訪李嘉誠的媒體坦言，他們都很喜歡自己的老闆，老闆對他們非常好。長江實業的公積金當時都投資在外面了，恰逢金融風暴，損失慘重，但老闆掏自己的腰包硬是填了那筆數，不讓員工的公積金受一點兒損傷。有真心才能有真情，李嘉誠用自己的真心，換來的是員工以及合作者們的喜愛。

行動指南

領導者在部屬心裡的感覺，是測量領導與部屬距離的尺規之一。如果部屬對領導有一種發自內心的喜愛，且崇拜有加，那麼此時的領導才能實現真正意義上的領導。因此，領導者首先要學會讓部屬喜歡你。

第4週
Wed.

保持一顆謙卑的心

做大做高以後，心要收斂，要謙卑。

——「58創業計謀綱」之創業學院中的文集

1月 2月 3月 4月 5月 6月 7月 8月 9月 10月 11月 12月

背景分析

香港專欄女作家林燕妮曾開辦了一家廣告公司，這家公司與李嘉誠旗下的長江實業公司就有不少業務來往。眾所周知，廣告市場屬於買方市場，也就是說，一般都只有廣告商求客戶，很少有客戶討好廣告商的。因此，那些客戶，特別是超級大客戶，自然就有些唯我獨尊、盛氣凌人的氣勢了，但李嘉誠的長江實業公司卻與眾不同。當她第一次帶著公司的業務員去長江實業聯繫業務時，李嘉誠竟然提前派人去地下電梯口等她，而且接待她的男服務員全身穿戴整齊，恭敬地迎候她，並引領林燕妮一行上樓。更讓林燕妮驚異的是，親自接待她的竟是享譽海內外的李嘉誠先生。初次見面，李嘉誠謙恭地迎上前來，與他們噓寒問暖並親切地一一握手，並親手接過林燕妮被雨水打溼的外套，掛在衣帽鉤上。

另一位慕名向李嘉誠取經的企業家也受到了同樣的待遇。當他們會談結束後，李嘉誠親自從辦公室出來，送他到電梯口，並恭敬地鞠了一躬，直到電梯關門。李嘉誠已如此成功，卻依然要求自己保持謙卑之心，令人佩服。

行動指南

謙卑是一種人格修為。要想有所成就，就先要放低自己的身段。

第4週
Thu.

不斷地學習

一個人只有不斷填充新知識，才能適應日新月異的現代社會，不然你就會被那些擁有新知識的人所超越。

——〈李嘉誠：知識變財富揭祕〉

背景分析

李嘉誠是靠什麼成功的？這是人們普遍的疑問，李嘉誠的回答是：靠知識，靠不斷地學習。這個時代無時無刻不在前進，要想不被淘汰，唯一的辦法就是學習。李嘉誠一生都在孜孜不倦地學習，在他長達六十多年的經商生涯中，學習一直是他堅持的習慣。如今他已八十多歲高齡，仍不忘記學習，從他矍鑠的精神狀態中，看不出絲毫退休的痕跡。每天晚上睡覺前，他都要讀半個小時的雜誌和相關書籍，以了解最新行情和動態。在他看來，讀書不僅能找到樂趣，還能激發思考、開闊心胸。他一般會讀歷史、科技、經濟方面的書籍，從來不看娛樂書籍或八卦新聞，這麼做是為了淨化閱讀環境，節省閱讀時間。

李嘉誠表面看起來謙虛、禮讓，內心卻是個十足的「驕傲者」。他每天都在孜孜不倦地學習，就是希望超過他人。學習使他每天進步一點點，這樣離成功就愈來愈近，甚至把喝咖啡的時間都用在學習上。那些一夜暴富的人很少修練自己，他們不學習，靠吃老本照樣快活地過日子，現在這種作法已經落伍了，在這個飛速發展的時代，要是不掌握新知識，就有被淘汰的危險。

行動指南

活到老，學到老。只有每天不斷地充實自己，才不會被時代所淘汰。

第4週 Fri.

跑在第一線上

苦難的生活，是我人生的最好鍛鍊，尤其是做推銷員，使我學會不少東西，明白不少事理。所有這些，是我今天十億、百億也買不到的。

——李嘉誠給年輕商人的九十八條忠告

背景分析

創業之初，李嘉誠雖然身為老闆，白天仍要兼任操作工、技師、設計師、推銷員、採購員等眾多職務。晚上回家後，他還要充當會計的角色，親自做帳；詳細記錄當天推銷的情況和市場區域的規畫；做好新產品模型圖的設計，將第二天生產的計畫一一準備妥當。一切的一切，李嘉誠總是跑在第一線上。

李嘉誠相信學習能改變命運，因此，他從來沒有間斷自學。當年塑膠業的發展如日中天，新原料、新設備、新製品、新款式源源不斷地被他開發出來。事業愈做愈大，但李嘉誠總覺得自己的知識不夠，仍然堅持學習新知識。如今，他還堅持著不斷學習的習慣。

為了省下工廠和家之間的上下班時間，李嘉誠索性搬到廠裡住，這樣他就有更多時間來思考其他問題。那時，李嘉誠每個星期回家一次，去探望母親和弟弟、妹妹。當工廠有所起色後，他便在附近租了一棟破舊的小閣樓，既可以當作工廠的辦公室，還可以作為成品的儲藏庫，而這也是他的臥室。

創業一開始，他事必躬親，不僅節省了許多不必要的開支，更重要的是他對全廠每個環節都瞭若指掌。況且，當員工看到老闆還如此拚命工作，他們還有何理由懈怠呢？

行動指南

領導要注重發揮率先模範作用，以此影響和帶動提高全體員工整體素質。

Aug.
八月

投資藝術

一塊錢雖少，但如果任它留在縫隙裡，就絲毫用處也沒有了。取出來，它就可以物盡其用。我獎勵的是這種珍惜資源的精神。

珍惜點滴資源

一塊錢雖少，但如果任它留在縫隙裡，就絲毫用處也沒有了。取出來，它就可以物盡其用。我獎勵的是這種珍惜資源的精神。

——〈香江客語專欄：超人的投資理念〉

背景分析

有一次，李嘉誠外出乘車，但不小心在掏口袋時把一塊錢硬幣掉了出來，且這枚硬幣不巧偏又滾進了座位間的空隙裡，他費了好大力氣也沒能把硬幣取出來，無奈只好默默下車走了。這一幕被車上的司機看到了，他很不解，難道像李嘉誠這樣的富豪，還會缺這一塊錢嗎？不可能，說不定那枚硬幣有什麼重要的價值，否則李嘉誠是不會這麼在乎的。後來，那個司機利用閒暇時間把這枚硬幣取出，交到李嘉誠手裡，李嘉誠當即掏出一千元獎勵他。李嘉誠說：「別小看這一枚硬幣，如果它留在縫隙裡，就失去了它應有的價值，取出來，便可物盡其用。我獎勵的就是這種珍惜點滴資源的精神。」

在別人看來，李嘉誠或許做了賠本生意，用一千塊錢換了一塊錢，然而，這份「珍惜點滴資源」的理念之後在長江實業蔚然成風，以前那些很容易蒙混過關的專案，不再那麼容易透過了；很多費用都在斤斤計較中被節省下來……長久下來，企業的投資回報率還能低嗎？從這個角度看，李嘉誠的千元獎勵帶來的是永恆長久的財富。

行動指南

珍惜點滴資源，亦是一種投資藝術。

第1週 Tue.

買「橙」與賣「橙」

多年來做生意，以這次最為驕傲。

——一九九九年十月，〈香港首富李嘉誠七天賺了一千多億〉，《生活時報》

背景分析

買「橙」（即Orange公司）與賣「橙」是李嘉誠平生最得意、也是獲利最大的一宗投資案。早在一九九六年，和記黃埔集團投資八十四億港元組建了Orange移動電話公司，加上其他移動電話業務，和記黃埔建立了強大的移動通信王國。一九九九年十月，李嘉誠僅用六天的談判時間，就將和記黃埔擁有的Orange公司百分之四十四點八一的股權賣給了德國的電信巨頭曼內斯曼公司，而這時正是移動通信業務炙手可熱之際。這樁交易成為當時香港最轟動的財經新聞，也是全球資本市場關注的焦點。

這是香港有史以來最大額的單一交易。在這一交易中，和記黃埔不僅賺了一千一百三十億港元的巨額利潤，還成為電信巨頭曼內斯曼最大的股東，李嘉誠也當之無愧地成為歐洲最大的電信經營商。進得快，退得堅決，顯現出李嘉誠的超人本色。在經營前景看好、市值不斷看漲的情況下，他果斷出手，創造賣「橙」奇蹟。

行動指南

成敗就在舉手之間，優柔寡斷將會延誤商機。

第1週
Wed.

合作共贏

如果一單生意只有自己賺，而對方一點不賺，這樣的生意絕對不能幹。

——《經商從做人開始：華人首富李嘉誠的生意哲學與處世技巧》

背景分析

李嘉誠坦言，生意是靠朋友做出來的。如果只考慮自己的口袋，而忽略他人的利益，這樣的生意是做不長久的，他自己絕不做這樣的事。

李嘉誠的這個經商理念是他的一個底線，做生意就應該利益均沾，只有這樣才能有長久的合作關係；相反地，如果只顧自己的利益，那樣的生意就是一錘子買賣，生意的道路將愈走愈窄。

一九八九年年底，榮智健把香港曹光彪家族持有的泰富發展（集團）百分之四十九的股權收為己有，並改名為中信泰富。一九九一年下半年，中信泰富給中信香港增發了三億多港元新股，此外，對李嘉誠等香港富商也增發了三億多港元新股。中信泰富的目的，一方面是為了擴大公司規模，另一方面就是想利用李嘉誠等富商來刺激股價。果然，「李嘉誠效應」發揮了作用，中信泰富的股票在這樣的多方刺激下一路飆升。

某種程度上來說，是李嘉誠幫助中信泰富上市。此後，李嘉誠又協助榮智健收購了恒昌行❶。當時恒昌行是被大多數香港財團都看中的優質資產，當然榮智健也是其中之一。為了能成功收購恒昌行，榮智健再請李嘉誠出馬，李嘉誠也不負眾望，成功說服了恒昌行的股東，最終中信、李嘉誠和榮智健三大財團拿下了恒昌行。這次交易和上一輪一樣，中信泰富的股價再創新高。當人們紛紛以為李嘉誠是為了賺錢才這麼做時，他卻於一九九二年將手中持有的恒昌股權全

❶恒昌行為香港化工公司，一九七一年成立名稱為葉氏化工集團，現已是中國最大化工品製造商之一。

部轉讓給榮智健，使中信泰富不僅成為紅籌股，還於一九九三年成為藍籌股❷。

李嘉誠正是憑藉「有錢大家賺」的經營理念贏得了極好的人緣，很多人都願意與他合作，也因此他總能在商場競爭中取得勝利。

行動指南

與人合作，就應該追求皆大歡喜的雙贏結果，但很多人常只想到自己對這份利益的重大貢獻，自然希望獲得全部或大部分利益，於是，原本理性的商業競爭變成了一場你死我活的爭奪。

第1週 Thu.

見好就收

當生意更上一層樓的時候，絕不可有貪心，更不能貪得無厭。

——李嘉誠給年輕商人的九十八條忠告

背景分析

在股市中翻騰，如果不懂得「見好就收」，哪怕再聰明的人也都會有馬失前蹄的時候。李嘉誠炒股總是看準時機便果斷拋出，而從不看著股價一路攀升、等待所謂最好的機會。雖然他的決定屢屢讓旁觀者扼腕嘆息，但他很少失手，倒是那些嘆息者中有不少人因等待最好的機會而遭受滅頂之災。

李嘉誠在海外的幾次大的投資行動採取的就是，能成則成、不成見好就收的策略。如果收購順利，則可控得該公司；如果收購難度太大，那麼便賺一筆就走，換個地方再來。例如，一九八六年李嘉誠斥資六億港元，將英國培生出版集團❸近百分之五的股權收入囊中。該公司股東不甘讓外國人做他們的領導，為防止李嘉誠進一步控投，組織了反收購。李嘉誠便隨機應變，在半年後拋出股票，成功獲利十二億港元。

行動指南

也許有人說，見好就收可能會失去很多好機會。在股市上也確實有極其精明的股壇高手以炒

❷紅籌股與藍籌股皆為香港股市用語，前者是針對具中資背景的企業所發行的股票的指稱，後者則意指績優股。

❸英國培生出版集團（Pearson plc）是成立於一八四四年的英國教育暨出版集團，朗文（Longman）、企鵝出版社（Penguin Group）、《經濟學人》（*The Economists*）、《金融時報》等皆為其旗下事業。

股獲取高額的回報，又能審時度勢，於股災降臨之前抽身撤退，所獲得的利潤遠比李嘉誠多得多。當「好」到一定程度後，收也無妨，畢竟你已經占有了大部分利益。如果把目標定在百分之百的占有上，那不是雄心壯志和長遠目光，而是人心貪婪的表現。

第1週 Fri.

重視現金，及時收益

投資時我就是先設想，投資失敗可以到什麼程度。成功時賺幾倍都沒關係，我也曾有投資賺十多倍的時候，有的生意也做得非常好，虧本的非常少，因為我不貪心。

——二〇〇八年十一月二十一日，接受《全球商業經典》和《商業周刊》的訪問

背景分析

李嘉誠在採訪當中分享了自己在投資方面的心得理念。提到自己的個人資產時，他表示從一九五〇年起，他的資產就從來沒有出現當年比上一年少的情況，而他之所以能如此，首先要歸功於不負債。

每次投資前，李嘉誠都會先設想，如果投資失敗可能虧損的程度。倘若後果是自己無法承受

的，那他就不會投資，就算成功時贏利很高也不做。正是因為他不貪心，投資小心，總是穩紮穩打，雖然少了賺快錢的機會，但也避免了破產的可能性，個人財產也一直隨之增加。

「分散投資，快速回籠」是李嘉誠另個投資理念。他分散投資，所以無論如何都有回報。個人投資講求拿到現金，如政府債券、股票等，這些現金至少占他投資比例的三分之一。重視投資風險，注重及時收益，讓李嘉誠很少嘗到投資失敗的苦果。

行動指南

分散投資，有助降低風險。這與「不把雞蛋放在同一個籃子裡」的道理是一樣的。

第2週 Mon.

投資致富

人，第一要有志，第二要有識，第三要有恆。

——李嘉誠給年輕商人的九十八條忠告

背景分析

李嘉誠是當之無愧的華人首富，很多人都認為他傳奇的經歷帶有神話色彩。其實，這位商界巨人有著極為樸素的成功哲學，其中被他本人奉為圭臬的就是做人「三字經」——志、識、恆。這不僅是李嘉誠個人對人生的深切感悟，亦是他行走商界的致富之道。

所謂志，就是要腳踏實地，志存高遠，不能因眼前的困難而束縛自己的發展，如此才能成就大業。李嘉誠的童年命運多舛，十一歲那年，他的家鄉被日軍侵占，局勢動盪不安，後來，父親也早早離開了人世，遂被迫退學打工，然而，父親「貧窮志不移」的臨終遺言深深鼓舞著他。後來家境好轉，他沒有滿足於那些成就，而更加堅定志向，不斷進取，最終成為中國人引以為傲的超級富豪。

所謂識，就是要有卓絕的處事眼光，有識之士才能「天高任鳥飛，海闊憑魚躍」。一九五〇年代是香港經濟騰飛的年代，各行各業都表現出激昂的發展態勢，房地產業更是異軍突起，具有無限的增值前景。李嘉誠正是看準了這一巨大的市場空間，才毅然將以經營塑膠工業為主的發展方向完全過渡到房地產業。後來的事實證明，李嘉誠的這一遠見卓識為他帶來了滾滾財源。

所謂恆，就是要有一股不達目標誓不甘休的決心。李嘉誠經營房地產一向立足未來，他不會為取得眼前的利潤而著急套現，所秉持的原則是「放長線釣大魚」。堅持長線投資，打持久戰，正是憑藉這種恆心，他才能從一個人微言輕的小人物，發展成為香港地產界指標式的超級巨富。

行動指南

很多小人物都是靠「有志、有識、有恆」改變了自己的人生軌跡。即便是白手起家，只要能集志、識、恆於一身，那麼，成功就是順理成章的事了。

第2週 Tue.

清醒的判斷力

具有判斷力是成功的重要條件。凡事要充分了解，詳細研究，掌握準確資料，自然能做出適當的判斷。

——《李嘉誠全傳》

背景分析

李嘉誠無疑是個能吃苦的人，但他事業的成功，絕不僅僅靠吃苦，能吃苦是商人的必備條件，更重要的是李嘉誠有著敏銳的判斷力和果敢的處事能力。從塑膠花行業改做房地產行業，到成功收購和記黃埔入主英資企業，他這一系列果敢行動，將事業推向了多元發展之路。

一九六〇年代初期，李嘉誠經營的塑膠花行業欣欣向榮，但敏銳的李嘉誠顯然嗅出了這個行業的沒落之氣，於是他不失時機地轉向地產業。那個年代，中國正處於文化大革命時期，香港也受到影響，人心浮動，經濟萎靡不振。諸多因素導致香港房地產價格猛跌，很多商人怕香港發生政治性變化，於是紛紛低價拋售地皮，以防萬一。但李嘉誠相信政府能處理好香港的問題，他堅定信念，把那些商人拋售的土地統統吃進，而且只買不賣。果然，到了一九七〇年代，香港房地產終於迎來了春天，地產迅速增值。

好景氣時不過分樂觀，不景氣時亦不過度悲觀，一直是李嘉誠的經營原則。他決定是否投資的主要衡量標準是，從長遠角度看這項資產是否有贏利潛力，而不是該項資產當時是否便宜，或是否有人問津。李嘉誠向來主張穩中求進，他認為，在一個激進的時代，最重要的是保持清醒的判斷能力。

行動指南

投資者最大的忌諱就是頭腦發熱，喪失理智，因此，真正成功的投資者應總是保持清醒的頭腦和清晰的判斷力，方能有所收穫。

第2週 Wed.

善做「加減法」

若一個人不知足，即使擁有很多財產也不會感到安心。我知足，但不代表沒有上進心。

——二〇〇六年九月五日，於新加坡香格里拉酒店接受記者採訪

背景分析

二〇〇七年，李嘉誠大幅減持了幾隻香港本地股，此後，又對中國遠洋、南方航空及中海集運等八家企業進行了明顯減持❹。李嘉誠在對某些企業股份大量減持的同時，卻對某些企業表現出了十足的信心，比如，他從二〇〇六年三月就開始把長江實業的控股比例從百分之三十九零點三提高到百分之四十。

李嘉誠股份操作上懸殊地一減一增，是因為他認為自己旗下公司具有很大的發展潛力。不出所料，在增持過程中，長江實業的股價從每股九十六點七八一港元一路飆升到每股一百一十點二八九港元。與二〇〇七年年初他持有的八百七十五億港元的市值相比，他最後一次增持長江實業股份以後，持有的高達上千億港元，增值約一百四十七億港元。

李嘉誠認為，如果一個人不知足，即使擁有很多財產，也不會感到安心。他很知足，但不表

❹當年對這三檔中國航運股的減持，便讓李嘉誠獲利九十億港元。

示他沒有上進心。對於穩妥的投資收益，李嘉誠一定會抓住機會，果斷地採取行動。

行動指南

加法是一種成長，減法是一種成熟，看似簡單，卻蘊涵著豐富的哲理。投資就要學會在加減中成長並成熟。

第2週 Thu.

看重高新科技

知識經濟的時代已經來臨。在一些國家，新科技帶來的發展空間很大，因此，雖然美元加息、股票波動，經濟也不會一下子就倒下來。相比起來，香港在經濟泡沫破裂後，受到強烈的衝擊，就是因為缺少實業，特別是缺少高科技、高增值的實業。

——一九九九年八月二十六日，《人民日報》海外版，《李嘉誠的新目光》

背景分析

靠房產業起家的李嘉誠逐漸把投資的目光轉向了高科技和高增值產業，他這種轉變是有前瞻性的。據相關資料分析，一九九七年，僅香港一個城市的上市房地產公司的總值，就比全世界上市房地產公司的總值高百分之四十，這是不符合常理的，也是絕對不正常的。房地產的確是香港經濟的重要支柱之一，但是，一個城市的發展絕對不是單靠地產一個行業來支撐的。加上香港房地產業一枝獨秀，無形中加劇了產業的空洞化，這迫使香港從一個生產城市轉向消費城市。

對此，李嘉誠呼籲香港應發展為科技城市，科技給香港帶來的益處是不可估量的。但香港的一些地產商卻固執地認為投資高科技的成本是巨大的，能否獲得收益還是個未知數，因此，很多商人抱持排斥態度。但在李嘉誠看來，如今是知識經濟的年代，知識與經濟是分不開的，誰目光短淺，誰就會被提前淘汰。他真誠地希望香港企業界人士要放眼看經濟，切忌急功近利，不要被眼前的蠅頭小利所束縛，邁不開前進的步子。

如今，知識經濟的態勢愈來愈明朗，加上李嘉誠的呼籲和帶領，香港的上市公司已紛紛尋求發展高科技業務。

行動指南

不要把眼光局限在當下，應放眼前方。誰能抓住機會，誰就能扼住新時代的咽喉。

由A到B

做生意似划艇，我一定會想：我有沒有足夠氣力由A到B，又想：我有氣力划回來嗎？

——〈李嘉誠：八十後的保守與理性〉

背景分析

一九六七年香港社會動盪不安，許多投資者失去了信心，但李嘉誠並不悲觀，他認為「香港不會變成一個爛攤子，香港不會完」。於是，就在別人都裹足不前的時候，李嘉誠趁勢低價買下了那些地產商急於要拋售的地盤。一九七〇年代，香港終於走出陰霾，人口激增，由戰後的六十萬迅速增至四百多萬，住宅需求大幅增加。李嘉誠因為之前擁有了寶貴的地產資源，獲利是再自然不過的事了。

即使是在賺錢的時候，李嘉誠投資房地產依然保持穩健的作風，他從不向銀行借貸，這讓他避免了後來爆發的擠兌危機❺。

行動指南

在做出決策前，一定要先將其可能性研究得清清楚楚。

選擇最佳時機

凡是想有大成就的人，很多時候都不能太急躁，而應有足夠的耐心和信念去選擇最佳時機。

——《成就李嘉誠一生的八種能力》

背景分析

李嘉誠經商堅持一個重要法則：不能太急躁，應有足夠的耐心和信念去選擇最佳時機。譬如，他在投資興建黃埔花園屋村時，就是以其驚人的耐力等到最佳時機，從而獲得巨大成功。

李嘉誠進入塑膠行業也是耐心選擇的結果。二次大戰後，香港加工業蓬勃興起，但香港是彈丸之地，資源非常匱乏，大型經濟產業很難一展拳腳。因此當時市場上大都是一些粗放型產業，比如手工業，呈現出來的特點就是「兩頭在外，大進大出」，也就是原料和市場都在海外，香港本地僅利用低廉的勞動力賺取附加值。後來，香港政府制訂出新的產業政策，香港經濟才由原來

❺一九三〇年代起，香港發生過數次擠兌事件，首先是一九三五年受全球經濟大蕭條影響所導致，之後便是一九六一年的廖創興銀行事件；一九六五年因小型銀行明德銀號過度放款予房地產業，招致倒閉，連帶影響人民對華資銀行缺乏信心而發生擠兌，最終引發了一九六五年的香港股災；一九八二、八三年又連續發生恒隆銀行及新鴻基銀行的擠兌風波；一九八五年海外信託銀行及子公司香港工商銀行因假帳事件而爆發擠兌；一九八九年因六四事件，致使中國銀行暨旗下所屬銀行出現提領現象；一九九一年國際商業信貸銀行因受母公司牽連而破產清查，致使其他銀行一併出現擠兌；一九九七年受亞洲金融風暴影響，港基國際銀行發生擠兌，由港府及多家銀行出面平息；二〇〇八年東亞銀行則因倒閉流言而發生擠兌。

的轉口貿易型轉向加工貿易型，加工業才慢慢成為香港新的經濟支柱。比如，香港的工業就是以紡織成衣業為首，之後塑膠、玩具、日用五金等眾多行業相繼崛起，帶動了香港的繁榮，其後一些大型產業，像是房地產、金融、交通、航運、通信、倉儲、貿易等全都向加工業這個主流行業傾斜或靠近，一時間出現了百花齊放、萬馬奔騰的活躍局面。李嘉誠在此時把目光投向塑膠業，正是順應了香港經濟的轉軌。

行動指南

成功商人靠的就是敏銳的直覺和對市場準確的把握能力。審時度勢，把握時機，方可成為最後贏家。

第3週 Tue.

進退之道

知道何時應該退出，這點非常重要，在管理任何一項業務時都必須牢記這一點。

——二〇〇一年，接受美國《財星》雜誌採訪

背景分析

李嘉誠經商向來講究穩健經營，他不會在利好誘惑中冒進，也不會在低谷中徘徊不前。他講究進退之道，如果沒有發現合適的時機，寧可手持現金觀望，也不盲目投資。據市場猜測，和記黃埔、長江實業估計總共有數百億美元蓄勢待發。反觀那些缺乏謀略者，他們即便只剩下一、兩百元，也要全部購置一手基金，把自己徹底洗空。李嘉誠選擇的是伺機而動。因此，當很多人還沒從亞洲金融危機的陰霾中走出來時，他早已捷足先登，生意異常興隆。

二〇〇七年，中國經濟繼續保持高速發展的情勢，股票和房地產市場表現異常繁榮。一般人認為，在這個時候加大對股市的投資是明智之舉，但李嘉誠的投資行動卻在高峰期戛然而止，而且一再減持手中的股票。二〇〇七年年末，李嘉誠再次發出警告，香港股市仍會波動，如果不懸崖勒馬將損失慘重，他建議投資者謹慎小心。與此同時，他自己也開始大幅減持，對中國遠洋、南方航空及中海集運等企業就進行了頗為明顯的減持。就在李嘉誠減持不久後，恒生指數一路下滑。那些當時不聽李嘉誠奉勸的人深陷其中，反觀李嘉誠，他在進退自如中成為最大的贏家。

上述資本市場的密集套現，就是李嘉誠深諳進退之道的一個最好的實例。

行動指南

有進有退，才是投資的上策。有時候「退」是為「進」做好準備，如果一味地冒進，厄運降臨時將會無法抽身。

第3週 Wed.

投資不是投機

二十歲以前，錢是靠雙手勤勞換來的；二十到三十歲是努力賺錢和存錢的時候；三十歲以後，投資理財的重要性逐漸提高，到中年時賺錢已經不重要，這時候是如何管錢比較重要。

——《從推銷員到華人首富：解讀李嘉誠管理智慧》

背景分析

李嘉誠在投資方面有很深的造詣，他認為投資理財有三點需要注意：其一，三十歲以後，要重新制訂理財計畫，這是因為人在二十歲以前，必須靠勤勞才能獲取金錢；二十到三十歲這個階段，要讓賺錢和存錢同時進行，要懂得積累資金的重要性；三十歲以後則要重視投資理財，因為人到了三十歲以後，賺錢已經不再那麼重要了，如何管錢，也就是如何理財，在這個年齡階段是非常重要的事。

其二，理財不能急於求成，要有足夠的耐心。李嘉誠年輕時也曾試圖找出一條理財致富的捷徑，但最終並沒有找到。

因此他的總結就是：理財是要花時間，不可能在短期內見到效果，如果抱有短期暴富的想法，是錯誤的，也不切實際。

其三，厚積薄發，先難後易。舉例來說，如果每年在銀行存款一萬四千元，按百分之二十的投資回報率計算，二十年後，你的個人資產就能達到二百六十一萬元。如果再繼續奮鬥二十年，一個億萬富翁就誕生了。

從零到兩百萬元需要奮鬥二十年，但從兩百萬元到上億元也只需要二十年，也就是說，積累財富是一個先難後易的過程，需要耐心和理財計畫。

行動指南

投資和投機有著本質的區別，投資是長期的事情，甚至是關乎自己一輩子的事，需要的是堅持不懈的努力，而不是一時的衝動。

獨具慧眼

收購不像買古董，不是非買不可。

——《成就李嘉誠一生的八種能力》

背景分析

二〇〇八年，和記黃埔曾兩次被上海輿論推到風口浪尖：第一次是以低於周邊市價轉讓靜安寺世紀商貿廣場❻，第二次是將御翠豪庭的兩幢樓降價一萬元出售。李嘉誠到底在做什麼，人們無法理解，媒體更是捕風捉影，想尋得丁點兒蛛絲馬跡，難道李嘉誠開始做賠本的生意了嗎？事後才發現，李嘉誠這兩次定價都不是外界想像的賠本生意，而是準確地扼住了市場的咽喉。

先說第一次低價轉讓世紀商貿廣場，李嘉誠的整購單價約為每平方公尺四萬五千一百元人民幣。這個定價的前提是買家預期的年租回報為百分之八，必須保持百分之百滿租，且日租須達每平方公尺十元。儘管世紀商貿廣場在轉手時的租金已經接近此水準，但誰敢保證全年維持百分之百滿租的狀況，加之隨後世界金融危機爆發，達到這一標準更是難上加難。回頭再看李嘉誠當年的決策，他提前嗅到了危機的信號，才決定在世界金融危機之前實行套現。

再說第二次低價出售御翠豪庭的第七、八號樓。李嘉誠低價出售這兩幢樓的真正原因，是這兩幢樓靠近高壓電線。在上海，這樣的小戶型公寓是人們最忌諱的「點狀高層」，為了彌補這一先天缺陷，李嘉誠以降價一萬元的策略吸引客戶，正是他睿智之處。

行動指南

在錯綜複雜的市場變幻中，要獨具慧眼，做到招招制勝。

第3週 Fri.

擎天一指

經商為的是利潤而不是競爭，如果有利可取就參與競爭，不然就退出。你們沒有看到我想舉右手，就用左手用勁按住；想舉左手，就用右手按住。

——《李嘉誠成就一生大業的資本》

背景分析

「擎天一指」這四個字反映的是一種霸氣，一種唯我獨尊的氣派。關於這一點，李嘉誠當之

❻靜安寺世紀商貿廣場位處上海徐匯區的精華地段，與多家酒店和使館比鄰。

無愧，唯一不同的是，他的的「擎天一指」是雄厚超強的經濟實力，而非財大氣粗、盛氣淩人的氣勢，在拍賣場上更是可見一斑。

很多人都相當不解，因為有時候李嘉誠在拍賣場上會表現出志在必得的高昂情緒，大有出師必勝之把握，但經過一個階段叫賣，他又從中途退出。李嘉誠是這樣解釋的：經商是為了追逐利潤，而不是競爭，如果有利可圖就參與競爭，反之則退出。很多時候，他都是用一隻手按住另一隻手，當左手蠢蠢欲動時，就用右手按住；當右手磨刀霍霍時，左手則適時地緩阻。

李嘉誠的這種作法極有參考價值。經商是為了利潤，為逞一時之氣而不計後果，那和賭徒有什麼區別？假如碰到這種賭徒，抽身退出倒不失為好策略。就如李嘉誠所言，與其最後收拾殘局，做成虧本生意，倒不如靜心旁觀。

行動指南

感情用事不可取，情緒會導致人在感性的基礎上做出錯誤的決策，因此，當一隻手要做出還沒有把握的決策時，不妨用另外一隻手按住，給自己一點理性思考的時間。

人情投資

如拿百分之十的股份是公正的，拿百分之十一也可以，但是如果只拿百分之九的股份，就會財源滾滾來。

——《李嘉誠經商十戒》

背景分析

李嘉誠對人情的掌握可謂恰到好處，這也正是他能後來居上、成為香港首富的原因。李嘉誠說：「假如拿百分之十的股份是公正的，拿百分之十一也可以，但是如果只拿百分之九的股份，就會財源滾滾來。」搶購九龍倉、和記黃埔等幾宗大生意，都反映出李嘉誠對人際關係的重視。即使在幾個利益方中處於弱勢，李嘉誠也總能透過順水人情而名利雙收。

當年，李嘉誠先下手為強，吸納九龍倉二千萬股股權，隨後敏感的炒家紛紛跟進，九龍倉股票大漲。為了不讓股權落入他人之手，九龍倉不得不出資回購股權。滙豐銀行經理沈弼親自出馬當說客，請李嘉誠放棄收購九龍倉。在李嘉誠吸納九龍倉股票之時，早知道沈弼已暗放風聲：等和記黃埔財務擺脫困境之後，滙豐銀行便會擇機，將所控的和記黃埔的大部分股份轉讓出去。這對李嘉誠來說是個天大的好消息，李嘉誠一直希望能得到滙豐轉讓的和記黃埔股份，但可惜長江實業財力不足，如果能得到滙豐的幫助，那收購就算成功了一半。於是他當即宣布停止收購九龍倉股份的行動，賣了沈弼一個大人情。

為了讓得到和記黃埔股票更有把握，李嘉誠又邀來了包玉剛。包玉剛與滙豐有長達二十餘年的深厚交情，他自己又是滙豐銀行的董事，與滙豐的經理私交很好，且包氏的「船王」稱號有一半是靠滙豐的支援。如果能得到包玉剛的牽線搭橋，那收購和記黃埔的勝算就更大了。

於是，李嘉誠以全數出讓自己手中九龍倉股份為條件，請包玉剛促成滙豐轉讓九千萬股和記黃埔股。最終，李嘉誠以暫時只付一億二千七百八十港元的低價，獲得了滙豐所控的和記黃埔股份。消息傳出後，香港媒體瞬間轟動，爭相報導這件大事。《工商晚報》稱，李嘉誠收購和記黃埔有如投下炸彈，股市因此一路飆升；《信報》也指出，李嘉誠以如此低廉的價格就控制住這麼龐大的公司，不論從哪一方面來看這次交易，他都是最大的贏家。

回頭再看，會發現其實李嘉誠這是在打人情牌，他把自己不便收購的九龍倉讓給包玉剛去收購，一方面送走了燙手山芋，另一方面還獲得包氏的感恩相報。更為重要的是，李嘉誠透過這次人情牌入主和記黃埔，並與滙豐建立了良好的關係，引起國際社會的高度關注。

行動指南

有錢大家賺，利潤大家分享，這樣才有人願意與你合作。

第4週 Tue.

要有長遠眼光

假設2G和3G業務擁有相同數量的客戶群，如果要讓我在兩者間做出選擇，我會選擇3G，因為它的發展潛力更大。

——二〇〇一年，李嘉誠接受美國《財星》採訪

背景分析

李嘉誠投資更關注長遠的發展前景，而不是只著眼於眼前的利益。

為了開展3G業務，二〇〇七年年初，李嘉誠把旗下的和記電信印度的2G業務迅速賣掉，專攻3G。他之所以這麼做，並不是因為2G已無利可圖，其實當時和記電信依然靠2G贏利，3G卻還沒有達到收支平衡。李嘉誠這一招並非以常理出牌，正是由於其看到了3G具有更強勁的發展前景。

行動指南

一個有遠見的投資者，必須要有開闊的視野、長遠的眼光，透過最可靠的資訊，做出正確的決策，然後迅速行動、全力以赴，如此方能取得成功。

第4週 Wed.

把對手變成朋友

我們是朋友，如果有什麼危險，就不要留下另一半嘍！

——《李嘉誠做人經商之道》

背景分析

李嘉誠在生意場上只有對手沒有敵人，這是非常罕見的，因為他非常善於把對手變成朋友。

一九八〇年代，香港巨富包玉剛看出九龍倉股票是強勁股，發展前景不可估量，買下九龍倉就等於是種了搖錢樹，於是他決定拿下這塊不可多得的大肥肉。殊不知，英雄所見略同，就在包玉剛暗中收購九龍倉之際，李嘉誠早已捷足先登，一舉奪得二千萬股九龍倉股票。後來李嘉誠得知包玉剛有要收購九龍倉的打算，就主動以每股三十六元的價格轉讓給了包玉剛（當時九龍倉的價格是每股四十元港元）。這一舉動讓所有人費解，李嘉誠對提出疑問的部屬解釋說：「做生意是為了賺大錢，但只要有門道，就可以賺到錢，而友誼卻很難用金錢買得到的！」

李嘉誠與合和實業有限公司❼主席胡應湘是交情篤深的朋友，也是商場上一對十分難得的拍檔。當六十四層高的合和大廈❽剛剛完成主體結構之際，李嘉誠前往工地參觀，並要求乘坐旋工用的鋼索吊籃上去。胡應湘認為這樣太危險，要求自己和其他人先上去看看再說。李嘉誠則笑著說：「我們是朋友，如果有什麼危險，就不要留下另一半嘍！」

有錢大家賺，有危險不全留給對方，跟這樣的人，想不成為朋友都難。

行動指南

將對手變成朋友的智慧是為他著想，讓他也能受益。

第4週
Thu.

行動最重要

你可以選擇做或不做，但不做就永遠不會有機會。

——李嘉誠經典名言語錄

背景分析

李嘉誠之所以能如此成功，原因之一是他知道什麼值得投資，什麼不值得投資，對於值得投

❼合和實業有限公司（Hopewell Holdings Ltd.），業務範圍包括房地產投資、租賃、代理及管理，酒店和餐廳營運及管理，以及食品經營等等。

❽合和大廈於一九八〇年落成，位於香港灣仔皇后大道東的圓形建築，內有餐廳和酒樓，曾是香港最高建築。

資的對象，他往往非常大膽，而且敢投入大量資金。

譬如在股市中，只要能獲取利潤，他就會迅速地買進或賣出，果敢行動，絕不猶豫。他正是憑著這種善斷、敢斷的魄力，在短短十幾年裡就躍升為香港地產界的超級富豪。他在投資房地產、電信等領域也莫不如此，一旦他決定要做的，無不是迅速決斷。對於卓越的商人來說，決斷魄力與等待機會的耐心是同等重要的品質。

行動指南

商場上處處充滿變數，只有順應時代，隨時改變策略，才能跟上時代的步伐。

第4週
Fri.

看準了就大膽去闖

如果在競爭中，你輸了，那麼你輸在時間；反之，你贏了，也贏在時間。

——李嘉誠給年輕商人的九十八條忠告

背景分析

在李嘉誠看來，創業就要有闖勁，看準了機會就要大膽去幹，而不是瞻前顧後，遲遲不下手。愈怕愈誤事，索性大膽去闖，反而沒事。

一九九二年年初，李嘉誠從北京飛赴汕頭，很快地又急轉至深圳。五月一日，李嘉誠宣布成立第一家在中國註冊的聯營公司，即由李嘉誠代表長江實業集團，與中國公司合資成立深圳長和實業有限公司。在這短短的幾個月裡，他便完成了一系列繁雜的工作，不但初步擬訂長和實業在中國投資的一系列計畫，且使其成為長和系在中國的重要據點。一向以穩健著稱的李嘉誠，又顯露出他令人驚嘆的決斷力及辦事效率。

行動指南

看準了就大膽去闖，不要猶豫，否則會錯失機會。

Sep.
九月

培養接班人

兒子沒能力，家業給了他也是害了他。

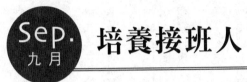

第1週
Mon.

未雨綢繆，提前培養接班人

現在這一秒鐘，（即使）我想退休，全部機構都原封不動，除了戰爭、政治我無法控制，其他都應該做得很好。

——二〇一三年五月二十一日，於長和系股東會上的發言

背景分析

有專家預言，在未來十到十五年內，中國的家族企業將迎來一個新舊交替的高峰，也就是接班人的問題，如何交接班，將是中國家族企業繼續發展的重中之重。是以家族為大還是企業為大？是追求基業長青還是家業長青？是進行家族傳承還是財富接班？是做「企業家族」還是「家族企業」？

上述種種難題，其核心還是落在如何培養接班人的問題上。很多企業領導者是這個時代的主流，他們縱橫商界幾十年，打下了堅實的企業根底，他們勤奮、刻苦，任何事都辦得漂漂亮亮，但當身心疲憊，打算找一個人來接替時，卻發現身邊可用之人寥寥無幾。這不免讓人想起三國時期的軍事家諸葛亮。諸葛亮可謂智慧的化身，在中國歷史上留下了不少可歌可泣的故事，〈八陣圖〉詩云：「功蓋三分國，名成八陣圖。江流石不轉，遺恨失吞吳。」這是詩聖杜甫對諸葛亮的人生所做的精闢概括。詩中，杜甫對諸葛亮運籌帷幄的雄才大略極為敬仰，亦憑添了無限惋惜，

諸葛亮「鞠躬盡瘁，死而後已」，為蜀國的發展耗盡了心血，無奈晚年後繼無人，最後身死五丈原，蜀國也因此淪為被魏國第一個殲滅的國家。諸葛亮的偉大功勳是有目共睹的，然而，他向來親力親為，在培養接班人方面成了他軍事生涯的短板，致使出現「蜀中無大將，廖化作先鋒」的尷尬局面。

以史為鏡可以知得失，「成也孔明，敗也孔明」的歷史經驗無不時刻叮囑著企業領導人。要想企業永續經營，領導者的任務之一即為未雨綢繆地培養出優秀的接班人，這是確保企業基業常青的百年大計。正如聯想前任總裁柳傳志所言：「以我辦聯想的體會，最重要的一個啟示是，除了需要敏銳的洞察力和戰略的判斷力外，培養人才，選好接替自己的人，恐怕是企業領導者最重要的任務了。」

領導國家和領導企業的道理是相通的，如何培養後來者繼續扛起企業這桿大旗，歷來都是企業管理者憂慮的事。但對於這位八十五歲、一手打造價值萬億元商業帝國的耄耋老人李嘉誠來說，這種憂慮似乎並不存在。在二〇一三年五月二十一日舉行的長和系股東會上，李嘉誠自信滿滿地說：「現在這一秒鐘，（即使）我想退休，全部機構都原封不動，除了戰爭、政治我無法控制，其他都應該都能應對得很好。」

李嘉誠對外界坦言「退而不憂」，並不是說他把他的商業帝國打造得固若金湯、無懈可擊，而是他在數年前早已啟動接班人培養計畫，以確保日後功成身退時，長和系仍就按部就班地穩健發展，不會像其他家族企業那樣陷入無休止的內鬥之中。

1月 2月 3月 4月 5月 6月 7月 8月 9月 10月 11月 12月

行動指南

許多優秀企業的領袖創造了無數的奇蹟，但是企業的未來並不完全是由今天的領導者決定的，而是要靠未來的領導者。因此，作為企業領導者，應盡早制訂接班人培養計畫，因為接班人的培養需要時間的積澱和保證，也需要充分的訓練和認知，方能達到一定水準。如果企業缺乏接班人計畫，就會出現青黃不接的現象，將給企業帶來極大的不確定性和危機。所以，企業應當未雨綢繆，提早制訂接班人計畫，以便在需要時順利過渡。

第1週
Tue.

艱苦是人生必修課

兒子沒能力，家業給了他也是害了他。

——〈李嘉誠退二線困局：花幾倍代價為兒子錯誤買單〉

背景分析

中國改革開放三十多年來，不少中國民營企業都已先後步入而立之年。要想讓企業永續經營，培養接班人就很重要，這是操勞了一輩子的企業主們不得不跨越的瓶頸，也是擺在眼前的首要問題。

沒有捷徑可走，也沒有模式可借鑑，想平穩過渡到一個嶄新的時期，關鍵在於企業主的戰略眼光，李嘉誠在這方面的作法無疑備受肯定。

在他一手培養下，兩個兒子都具備優秀的商業才能，讓香港其餘企業家族欽羨不已。李嘉誠是如何培養他們做合格的接班人呢？似乎只有他本人的解答才最有說服力。

二〇一二年三月二十九日下午四點三十分，在一年一度的長和系業績發表會上，新聞媒體如願見到了李嘉誠，這也是媒體能見到這位商場領袖的唯一管道了。

「您打算退休了嗎？」記者開門見山地問道。

「找不到退休的理由。」李嘉誠幾乎沒有思考就脫口而出。

對於接班一事，李嘉誠三緘其口。難道他要永遠占住寶座，永不退休？面對李嘉誠鎮定的表情，記者們不知道該再問什麼了。

其實，了解李嘉誠的人都知道，他早在長子李澤鉅二十五歲時就給他獨當一面的機會。如今，李澤鉅已年過五旬，在談及李嘉誠時，李澤鉅說：「我的想法總能與父親一致。」實際上，李澤鉅無論做事風格抑或策略思維，都頗得父親真傳。

有這樣的接班人，李嘉誠還擔心他的商業帝國會止步嗎？所以，面對記者的提問，李嘉誠當然說找不到退休的理由了。

早在李澤鉅和李澤楷都不到十歲時，李嘉誠就已經開始對他們進行商業培育。當時的長江實業董事會上設有兩個專席，不為別人，就是為李氏兄弟專門設置的。

在李嘉誠看來，氛圍比過程重要，他要兒子在記事之初就耳濡目染，讓他們從骨子裡具備領袖內涵。李嘉誠說，要想培養音樂家，需要在襁褓時給他聽曲子；要想培養運動員，則需要在他蹣跚學步時就要開始蹦跳。

他會讓孩子親自體驗生活的艱辛，而不是宅在家裡。在兩個兒子還很小的時候，李嘉誠就常常帶他們去外面參加各種活動。不管路途有多遠，他們從不搭計程車，都是坐電車。回來時，讓孩子們在路邊地攤看小朋友一邊賣報紙，一邊學習功課的求學態度。他的目的就是讓孩子們親身感受生活的不易和艱辛。

行動指南

人生若沒有艱苦，就會心存驕傲；沒有挫折，成功將不會有喜悅，成就感也就無從談起。因此，不要幻想生活總是那麼美滿，生活也不可能每天都春光明媚。要想日後有所作為，能守住一片天地，開拓無限未來，艱苦就是必須經歷的一課。

第1週 Wed.

因時因地找老師

要成功，聽取別人意見是第一步

——李嘉誠語錄

背景分析

一個人的力量畢竟是有限的，如果能集中眾人力量，就會有不可思議的收穫。所以，要想培養出一名合格的接班人，就得集思廣益，虛心聽取別人的意見，因時因地替被培養者尋求各種適合的老師。

古語云：「三人行必有我師。」每個人都是我們的老師，每個人都有值得學習的地方。我們的缺點，或許正是他人的優點。如果虛心學習並吸收，這樣就可以更佳完善、鞏固自己，所以，領導者要學會發現身邊的資源並充分利用，且能把身上的營養源源不斷地輸送給自己竭力培養的接班人。

當年，李嘉誠就給大兒子李澤鉅獨當一面的機會。在李澤鉅還二十五歲時，就讓他擔當了長實的執行董事，直接負責加拿大的收購計畫。給兒子機會的同時，李嘉誠也在極力為其挑選一批能輔佐李澤鉅經營運作的高人，在李嘉誠看來這十分必要。經過一番觀察，李嘉誠選中了時任長實集團的第二號人物、董事局副主席麥裡思為李澤鉅的助手。之後果然如李嘉誠所料，在麥裡思的一手策畫下，李澤鉅成功收購了加拿大赫斯基石油公司百分之五十二的股權，當年若沒有麥裡思這位老師的參與，李澤鉅能否成功實現計畫，還未可知。

在房地產業務方面，李澤鉅是新來乍到，經驗不足，於是，李嘉誠又為他找來了一名高手當老師，就是長實主管土地發展的周年茂，是長實集團內的第三號實權人物。經過一番磨練，李澤鉅成功掌握了土地的運作技巧。一九九四年，李澤鉅晉升為長實董事副總經理，李嘉誠又為其安排了另一位助手——甘慶林❶，以幫李澤鉅經營資本市場的運作。

這就是李嘉誠「扶上馬，再送他一程」的高明手段。他先後給李澤鉅安置了三任老師，讓其習得併購、土地運作、資本運作等商業本領。名師出高徒，二〇〇六年一月，李澤鉅終於成為長實集團董事總經理。

行動指南

在培養接班人方面，領導者一個人的智慧往往是不夠的，如果僅憑自己所學，便使圖接班人能脫穎而出是不可能的。所以，要多方尋求高人，給接班人輸送新鮮血液，如此，接班人才能青出於藍，勝於藍。

勇敢、獨立

他十四歲的時候，我就已經管不了他了。

——二〇〇六年四月，李嘉誠答香港媒體

背景分析

俗話說：「戰場父子兵，上陣親兄弟。」意思是在戰場上，只有父子、兄弟才是真正能衝鋒陷陣的人，但這句話用在李嘉誠父子的身上卻不那麼合適。在商場上，李嘉誠的小兒子李澤楷憑藉自己超強的能力，贏得了「小超人」的聲譽，但在家族裡，他卻被看成是個叛逆之子，是個不聽父親教誨的不肖子。

李澤楷的性格反叛，讓李嘉誠頭痛不已。據李澤楷的摯友楊敏德表示，李澤楷從小就不是個乖孩子，很小的時候他就敢和父親爭辯。十二歲那年，有一次他跟隨父親去海邊玩，性格叛逆的他完全不顧父親勸阻，竟隻身跟在父親的遊艇後衝浪，沒有父親的約束，他玩興大發，感到無比刺激。李澤楷喜歡獨立完成一件事，不喜歡別人干預，而凡是他獨立運作的事，他總是表現出極大的興致。等年齡稍大點後，李澤楷又熱衷於開快艇、駕飛機、潛水打魚等高危運動，總而言

❶甘慶林，香港企業家，與李嘉誠有姻親關係，現為長江實業副董事總經理，對社會事務相當關注，曾促成多件國際獎學金計畫的推行。

之，只要是父親勸阻的事，他都極為喜好。更為離譜的是在他十七歲那年，李澤楷竟深潛到海中捕撈一條鯊魚，這是他的傑作，他炫耀般地送給了父親。

「他十四歲的時候，我就已經管不了他了。」李嘉誠如是說。畢業後，李澤楷寧可在國外一家投資公司打工，也不願意加入父親的公司。還有一次，李澤楷突然將香港衛視（Star TV）高價賣給了新聞集團（News Corp）的梅鐸（Rupert Murdoch），直到消息傳到李嘉誠的耳朵之前，李嘉誠都一直被蒙在鼓裡，他沒有料到李澤楷會擅自做主，不和自己商量就轉手賣掉，因為香港衛視是李嘉誠用來磨練、挽留兒子的利器，沒想到瞬間，就變成李澤楷單飛的踏板。手握三十億港元轉讓費，李澤楷決定另起爐灶，他不想成為父親的續集，也不想做大哥李澤鉅的外篇，他所做的一切，都是在為寫一篇屬於自己的正傳。事實也印證了他的這個願望，李澤楷單飛後，即在香港乃至東南亞的上空翻雲覆雨，大殺四方。

李澤楷的叛逆，在別人眼裡看來不可思議。接班，是延續家業的責任，需要十足的勇氣來扛起。李嘉誠也明白，李澤楷並不是想逃避接班的責任，而是他擁有一顆獨立創業的心，把自己從巨人肩膀上放下來，再靠實力固執地走出巨人的陰影，在個人的財富路上與父親漸行漸遠……或許這是李嘉誠所期望的，而且他向來也是這樣教育兒子們的，要有獨立意識，要明白創業的艱辛和不易。李澤楷做到了，只是表現的方式讓李嘉誠難以接受。

李澤楷最反感的一句話就是「李嘉誠的兒子」，他總是在刻意說明一件真相：自己是獨立於父親之外的，而事實也正是如此，他自始至終都在倔強地證明：即便沒有富豪父親，自己也一樣能夠獨闖天下。

行動指南

父輩光芒萬丈，對於懷揣夢想辛苦打拚的子女來說，非但是助力，反而是一種難言的負擔。儘管他們竭盡所能，成績斐然，但在人們的慣性思維中，總會有種印象：不就是倚仗著父輩的勢力而成功的嘛！有的人或許能承受這種偏見，接過父輩手中的長槍，成為父輩的延續；也有的人選擇遠離父輩的蔭庇，去開創屬於自己的財富人生。

第1週 Fri.

有膽識，還要有謀略

一個人僅有膽量，在這個時代雖然能創出一片天來，但在守成時期，光有膽量是遠遠不夠的，還要有謀略。在許多時候，謀略往往比膽識重要得多得多。

——李嘉誠給兒子的十句話

背景分析

李嘉誠認為，在生意場上，光有膽識還不行，還得有點謀略才能成功，這就是他一貫使用的先謀後動策略。他總是告訴兒子，一個人僅有膽量，在這個時代雖然能創出一片天，但要守住這片天地，沒有謀略是萬萬不能的，這時，謀略的作用比膽識重要得多。他的小兒子李澤楷當初創業時，不僅非常有頭腦，還從父親多年的經營中吸取到不少商業謀略。李澤楷主修電腦專業，但他擅長的卻是資本運作。在香港經濟發展史上，他一度上演了四兩撥千斤的資本大戲，從而鑄就千億財富，被稱為小超人。

「盈科拓展」（Pacific Century）是李澤楷一手創建的公司，一九九四年一月，盈科拓展正式開業，投資方向主要是一些高科技專案。作為盈科的主事者，李澤楷玩的就是刺激，從不按規矩出牌，他曾先後在新加坡、中國香港、日本、中國等地投資保險、地產等專案。如此龐大的投資網，難免有照顧不周的時候，一九九七年，盈科在日本的地產連遭滑鐵盧，八十億港元被套牢了。面對兒子的「傑作」，身為父親的李嘉誠不得不暗中出資相救，這才使李澤楷捱過了難關，但當李澤楷得知是因父親的幫助才免遭厄運時，心中怨恨頓生。為了證明給父親看，他決定嘗試用全新的手法來操盤一個地產專業，這就是後來香港著名的矽谷「數碼港」。李澤楷將高科技元素和地產業嫁接在一起，再透過一系列的概念炒作來提升地產專案的價值。最終，一個全新的概念——香港數碼港誕生了。接著，李澤楷利用媒體大肆宣傳，還請來世界首富比爾．蓋茲等名人為其壯威，如此包裝出來的專業獲得港府的大力支持，李澤楷如願取得了數碼港的獨家開發權。

這其實只是李澤楷的起步，他還有更大的手筆。一九九六年，李澤楷借殼上市，將盈科拓展改名為「盈科數碼動力」。一九九九年數碼港如期落實，在短短七個月內，盈科的市值由三億港元暴升至二千二百多億港元，業界一片譁然，更有媒體驚呼「老超人幹一輩子，不如小超人搞一下子」，李澤楷成功實現了從父輩光環下走出自己人生的第一步。

行動指南

「初生之犢不畏虎」是新手上陣的特點，渾身是膽，這是好事，但也存有弊端，因為缺乏謀略的膽量，充其量就是賣力氣。因此在培養接班人方面，領導者不光要讓接班人練就一身膽氣，還要給他們樹立先謀後動的策略思維。膽量只有和謀略結合在一起，才能產生巨大的殺傷力。

第2週 Mon.

注重團隊氛圍

只有博大的胸襟，自己才不會那麼驕傲，不會認為自己樣樣出眾，承認其他人的長處，得到他人的幫助，這便是古人所說的有容乃大的道理。

——李嘉誠給年輕商人的九十八條忠告

背景分析

李澤楷在創業初期，對待工作異常苛刻，凡事都親力親為，且要求部屬及時匯報工作進展，一旦出現問題，就會嚴厲訓斥。他是個追求完美的人，因此也要求部屬要準確無誤地執行工作，從而實現公司的目標。

然而在後來的經營中，李澤楷連連失利，這讓他意識到自己的經營缺失。嘗到苦頭後的李澤楷察覺，他必須進行一次徹底的革新。首先，他一改從前的脾氣，開始給予部屬充分的信任，也不再像過去那樣事必躬親，而是總管全局和重點。至於工作細節，他把權力最大限度地釋放到管理階層，讓他們可以充分發揮自己的才能。授權後的李澤楷感覺到一身輕鬆，他不再像以前那樣忙得暈頭轉向，反而有足夠的時間來進行人才招聘、日常監管、公司發展運營等這些較為宏觀的工作上。

看著李澤楷的成熟，李嘉誠非常欣慰。在李嘉誠看來，一件事的成功僅靠自己的能力遠遠不夠，要充分調動你手下的員工，群策群力，才能攻破難關，更重要的是自己還可從煩瑣的細節中解脫出來，從而思考企業的未來。如今的小超人已經不再刻意強調自己的老闆身分。為了營造和諧的溝通氛圍，李澤楷經常和員工們打成一片，開玩笑、講笑話，從前的表情已蕩然無存。此外，李澤楷對著裝也開始注意起來了，他一改那種保守刻板的風格，脫下筆挺嚴肅的西裝，換上一身輕鬆風格的休閒服，就連公事包也換了，採用背包來裝各種商業檔案。在大庭廣眾下，李澤楷一路小跑，像個隨和的年輕人。用李嘉誠的話說，兒子正在努力讓自己放下諸多矜持與包袱，讓自己變得「世俗」起來，這正是李嘉誠一貫宣導的。

受矽谷企業的影響，李澤楷決定改變企業風格，力求營造一個公平、輕鬆並富有創造精神的企業環境。他的目標是，員工在各負其責、各司其職的前提下都有一個良性的平等關係。即便是來公司實習的新員工，如果他有好點子，也能得到公司的嘉獎，甚至得到李澤楷本人的重視。另外，李澤楷還注重打造人性化的企業文化，他要求員工了解公司的精神和發展目標，了解自己在企業中擔負的使命與貢獻；宣導員工之間進行情感交流，使他們對公司的歸屬感更加強烈。這一系列的管理手段，使盈科公司的員工具備了強大的向心力，一個融洽、高效率的員工團隊在李澤楷的努力下，展示在世人面前。

行動指南

很多企業管理者都放不下身段，諸事都要講排場，要讓員工把自己當成神來尊敬，這種方式不可取。企業做大後，從某種程度上來講，企業就不是你的了，是屬於所有與你一起奮鬥的員工的。不要把自己放大，而是要把你的企業放大，所以作為一個管理者就要拿得起、放得下，不僅能放下你的財富，還要放下你的架子。

讓孩子愛上學習（一）

當同事們去玩的時候，我在求學問，他們每天保持原狀，而我自己的學問日漸增長。

——李嘉誠給年輕商人的九十八條忠告

背景分析

李嘉誠經常對兒子們說的一句話就是：「不懂，便要學」。在李嘉誠看來，要想成為一個成功的人，首先得有各方面的知識做基礎，唯有讀書才能拓寬自己的知識面。

在李家這個和睦的大家庭裡，有一間很不起眼的小房子，但在李嘉誠心裡，這間房子是個神聖的地方，是他求知的樂園，也是李氏家族的書房。雖是尺方之地，但其中藏書極為豐富，裡面收藏著李嘉誠父親、伯父、叔父以及祖上遺留下來的各種書。

據李嘉誠本人所說，他小時候的大部分時光，都是在這塊狹小卻遼闊的天地中度過的，在那裡他汲取了惠及終身的知識。每天放學以後，他首先要做的事就是去書房看書。他酷愛讀書，書就是他的精神世界，在書中，他學到了許多他不知道的知識，也正是那些書告訴了他為人處事的道理。在書海，他如癡如醉，無拘無束地思考著天南地北的問題，誠可謂「小天地，大舞台」。

李嘉誠無時無刻不記得父親對他的教誨。一天，父親李雲經煞有介事地帶他來到這間書房，看著年幼的李嘉誠，語重心長地對他說：「孩子，這是咱李家幾代人的書庫，你的父輩們都是從這裡走出去的。今天帶你來這裡，希望你能認真理解為父的用意。」年幼的李嘉誠當然明白父親的良苦用心，因此在後來的日子裡，讀書就成為李嘉誠生命的一部分。書看得愈多，他愈覺得自己欠缺的東西太多。為了彌補知識的不足，李嘉誠往往廢寢忘食，如饑似渴地學習。在讀書過程中，李嘉誠遇到了很多難解的問題，這時他就虛心地去請教父親。看到孩子這麼刻苦，父親不厭其煩地向他解釋著一個又一個難題，就這麼度過一個個漫漫長夜。李嘉誠說，父親是他一生中最崇敬的人，父親給予他的，是任何事物都無法衡量的。之後，李嘉誠每天仍堅持看書，這個習慣從未中斷過。由於白天工作太忙，他就習慣睡前看書，每每看到精彩處都不忍釋卷，直至把文章看完才肯閉燈就寢。

只要有夢想，就會有永不枯竭的動力之源，而學習與讀書則是通往這一目標的唯一階梯，是達到成功之巔的繩索，是通往勝利之門的橋梁。這是李嘉誠教孩子們的心經，也是他自我勉勵的格言。在父親的培育下，李澤鉅和李澤楷對於學習也很自覺勤奮。幼年的李澤楷經常看到父親在辛苦了一天後，晚上還不忘讀書學習，耳濡目染下，他也下定決心要把父親的精神延續下去。

行動指南

讀萬卷書，行萬里路。生活裡沒有書，就好像沒有陽光；智慧裡沒有書，就好像鳥兒沒有翅膀。要想使自己成為行業的精英，就得博覽群書，學別人所學，知他人所知。

第2週
Wed.

讓孩子愛上學習（二）

我從不間斷讀新科技、新知識的書籍，不至因為不了解新訊息而和時代潮流脫節。

——李嘉誠給年輕商人的九十八條忠告

背景分析

李嘉誠認為，不善於學習的人，便是個沒有前景的人。因此在教導孩子方面，他總是以榜樣示之，而孩子們也從父親的身上看到了學習的魅力，並受用終身。

二〇一三年二月二十三日，在長江ＢＢＡ（Briefing on Business Administration）營的分享活動上，李澤鉅被聘請為連串講座的壓軸嘉賓，與香港教育學院的學生進行對話。席間，學生們提出了許多內心的疑問。學生們想知道，作為華人首富的兒子，他是怎麼成功的，或者說成功的祕訣在哪裡。面對學生們好奇的提問，李澤鉅敞開心扉，以極為真誠的姿態回答學生們的問題。李澤鉅說，世界上沒有絕對成功的人，如果自覺成功，其實已是失敗的開始；人生就是一連串的失敗，但只要找出自己的錯誤和不足之處，從中學習、領悟及修正，那才是成功之道。

在李嘉誠的精心栽培下，李澤鉅繼承了父親好學的品格，並發揮得淋漓盡致。一九九六年，長江基建剛剛上市，旗下僅擁有兩個領域的業務：基建材料和基建投資，分別占總利潤的四分之三和四分之一。作為一個上市產品，這樣的內容似乎有些不足，李澤鉅遂決定「煉石補天」。經過十幾年的發展，如今的長江基建已經在全球四大洲遍地開花，投資遍及香港、中國、澳洲、英國、加拿大及菲律賓，業務範圍也從原來的單一型，發展為涉足更為廣泛的領域，包括能源、公路、水處理、基建材料及環保業務。這不能不說是一個奇蹟！而長江基建在上市的十多年裡，就沒發生過一件利多的事，可謂命運多舛：除了亞洲金融風暴、IT網站泡沫破裂等災難，無數上市公司紛紛落馬，消失在眾人的視線中，但長江基建卻磐若堅石地生存了下來，而且還保持強勁的利潤增長，一切均是李澤鉅的功勞。

對於做生意，李澤鉅說，我的經驗就是要善於學習，自己不懂的領域要學，自己不懂的知識要補，沒有學習，就沒有今天的我。人們在為李澤鉅的成就叫好的同時，也不得不佩服李嘉誠在培養兒子方面下的工夫！二〇〇九年，李澤鉅獲得加拿大西安大略大學授予榮譽法學博士學位，學有所成的李澤鉅非常感慨地說：「如果一個人或一家公司自以為已經很成功，就很難更上一層樓；當我們自滿時，就會停止學習。我喜歡《論語》的『三人行，必有我師焉。擇其善者而從之，其不善者而改之』。從其他人身上學習，觀察他們行為的善與惡，了解什麼該做、什麼不該做，這是一個永不停止的學習過程。在追求知識的路途上，要永不言休。」

行動指南

選擇學習，就是選擇進步。只有不斷地學習，才能適應日新月異的發展，才不會被新知識、新科技淘汰，才能在激烈的競爭中占有一席之地。

告訴孩子處世哲學

我不是教他們如何賺錢，而是教他們怎樣做人！因為做人比做生意更重要。

——《跟李嘉誠學做人》

背景分析

李嘉誠經常教育兩個兒子，他說，作為企業家，每天都在與人打交道，這時你就得注意對方是怎麼想、怎麼做的，掌握做人的道理，是企業家的必備修養。李嘉誠還告誡孩子們：「工商管理方面要學西方的科學管理知識，但在個人處世方面，則要學中國古代的哲學思想。不斷修身養性，以謙虛的態度為人處世，以勤勞、忍耐和永恆的意志作為進取人生的策略。」

小超人李澤楷曾說：「我從家父那裡學到的東西很多，最主要的是怎樣做一個正直的商人，以及如何正確處理與合夥人的關係。」

李嘉誠補充說道，只做一個正直善良的人是遠遠不夠的，還要懂得必要的處世哲學。李嘉誠雖然是個成功的大企業家，但他也是個家長，所以，他也希望自己的兩個兒子都能成為有用之才，做成功的人。而想要成為成功的人，就必須學會正確的處世哲學。什麼才是正確的處世哲學呢？李嘉誠告訴兩個兒子，要想成功，在天時地利等條件都齊備的時候，就必須要注意考慮對方的利益，站在對方的角度思考問題，而不是占他人便宜。這是最起碼的經商之道，也是最樸素的處世哲學。為了讓兒子們真正理解這些做人的道理，在他們還很小的時候，李嘉誠就開始對他們灌輸這些思想了。

除此之外，李嘉誠還以前人的修身之道來教導孩子們如何信守自己的承諾。他說：「如果要取得別人的信任，你就必須重承諾，在做出每個承諾之前，必須經過詳細的審查和考慮。一經承諾之後，便要負責到底，即使中途有困難，也要堅守諾言，貫徹到底。」

在李嘉誠的諄諄教導下，孩子們都能將父親的教誨牢記在心，並且潛移默化地成為自己做人做事的準則。後來，李澤鉅和李澤楷都能獨立處理繁雜的商業事務，比如在規畫加拿大世界博覽會的舊址❷、策畫收購美國哥頓公司（Gordon Capital）垃圾債券❸等大動作中，兩個兒子都表現出相當的膽識和靈敏商業頭腦，在賺得巨額財富的同時，也留給對方不菲的利潤空間，一時間，香港各界人士對李氏兄弟的大家風範給予極高的讚譽。看著兒子們學有所成，李嘉誠自豪地說：「即使我不在，憑著他們個人的才幹和膽識，都足以各自獨立生活，養家糊口，撐起家業。」

❷一九八六年世界博覽會於加拿大溫哥華舉辦，會後這塊靠海的狹長龐大土地便被閒置，居住在當地的李澤鉅以其土木工程背景向父親李嘉誠分析，這塊地極具開發潛力，獲得父親認可後，他便積極奔走，終於在一九八八年拿下發展權，豈料發生了當地排斥華人、外資的聲浪，李澤鉅遂極力遊說溫哥華當局和民眾，並提出「萬博豪園建案是以銷售港人為主」的提議，終於在一九九〇年成功開售。這是李澤鉅在商場的首次亮眼表現。

❸哥頓公司原是加拿大第三大證券經銷商，李澤楷於一九九〇年左右投資其中，後逢一九九三年盈科創辦，便無瑕顧及，然此時哥頓創辦人爆出醜聞，哥頓被勒令暫停買賣，加以投資失利，情況危急。李澤楷雖於一九九五年將投資增至百分之五十，取得控制權，將其納入盈科之下，並延請專業人士管理，仍無法挽回頹勢，遂決定淡出，專心致力於盈科。

行動指南

一個人無論名有多顯、位有多高、錢有多豐，在人生這個大舞台上，都應明白做人的哲學。做人是一門大學問，其中處處充滿了辯證。只有明白這些辯證之理，才可悟得變通之法，從而走上成功之道。

第2週 Fri.

不要過於計較個人得失

事業上再大的成功，也彌補不了教育子女失敗的缺憾。教育好自己的子女是最大的成功。這並不是說父母自己的生活、事業不重要。相反地，要培養好自己的孩子，父母首先自己要善良、真誠、負責、進取，因為孩子是以你為榜樣的。別的事業失敗了都可以重來，唯有在子女的教育上，你只有一次機會。

——李嘉誠談教育孩子

背景分析

李嘉誠對孩子的培養可謂用心良苦，他自始至終都在給孩子們樹立典範，為他們樹立一個勤儉持家，不計較個人得失的榜樣。在當年窮苦時如此，到後來成為巨富時，仍是如此，他的日常生活相當平淡。不求奢華、不講排場，戴的是廉價的日本錶，穿的是過時的西裝。他所做的一切，無非是在給孩子們灌輸一種勤儉節約的意識。當兄弟倆李澤鉅和李澤楷在美國留學時，他就鼓勵他們勤工儉學，用自己的本領賺取學費。在企業的經營管理上，李嘉誠教育孩子們，創業之初，最要緊的是利用一切機會充實自己，使自己掌握到真正的商業本領，而不是斤斤計較個人的得失。

李澤鉅和李澤楷尚年幼時，李嘉誠就讓他們參加董事會會議。剛開始兄弟倆覺得非常新鮮，瞪大眼睛，聆聽父親和各位董事商談工作。會上，董事們的情態各異，為了一個問題的解決，爭得面紅耳赤，互不相讓，吹鬍子瞪眼睛的事時有發生，面對這麼激烈的場面，兄弟倆嚇得號啕直哭，此時李嘉誠就安慰他們說：「兒子別怕，我們在這裡爭吵是為了工作，而不是打架鬥毆，是正常現象，人的腦袋，只有時刻敲打，才能產生出正確的想法！」

有一次，李嘉誠又帶著兄弟倆出席董事會，會議的議題是討論公司應拿多少股份，李嘉誠對各位董事說：「我們公司拿百分之十的股份是公正的，拿百分之十一也可以，但是我主張只拿百分之九的股份。」

老闆是不是瘋了？董事們一致反對，會議的氣氛一下子變得火藥味十足，無人再發言了。此時，一個稚嫩的聲音突然響了起來：「爸爸，我反對您的意見，我認為應拿百分之百分之十一的股份，能多賺錢啊。」原來是長子李澤鉅，他站在椅子上，一本正經地指責父親的決策。弟弟李澤楷也不失時機地補充道：「對，只有傻瓜才拿百分之九的股份呢！」

會議的氣氛一下子被緩和了，父親和同事們忍俊不禁，大笑起來。李嘉誠摸著兄弟倆的腦袋說：「孩子，這經商之道學問深著呢，不是一加一那麼簡單，你想拿百分之十一發大財反而發不了，你只拿百分之九，財源才能滾滾而來。」

這就是李嘉誠的策略，凡事都不要太在意自己的得失，要給別人留有餘地。後來的事實就證明了李嘉誠的決策是正確的。公司雖然只拿了百分之九的股份，但長實的生意卻日漸興隆，財源滾滾而來。

行動指南

有捨才有得。該給予時就給予，該捨棄時就捨棄。別太在意一時的得，也別太在意一時的失。海量胸襟，方能成就大事。

給孩子磨礪的機會

人們讚譽我是超人，其實我並非天生就是優秀的經營者。到現在我只敢說經營得還可以，我是經歷了很多挫折和磨難之後，才領會一些經營的要訣。

——《李嘉誠商道真經》

背景分析

李嘉誠的成功是經一番磨難才修成的，因此，他也希望他的後來者能腳踏實地地闖出一片天地。他說，讓孩子多吃點苦是好的，這有助於增強他們獨立處事的能力，從而積累商業經驗。

當兩個兒子在國外大學畢業後，李嘉誠沒有讓他們直接回國，而是鼓勵他們在異地自行謀職，以證實自己的能力。於是，大兒子李澤鉅在溫哥華發展了物業公司，期間，李澤鉅遇到了種種問題，每每請教父親時，李嘉誠總是信賴兒子的意見，告訴他放手去處理每個難題。經過一番磨練後，李澤鉅日漸成熟，各種疑難問題都能處理得妥妥當當。

小兒子李澤楷生於一九六六年十一月八日，那年李嘉誠剛滿三十八歲，他所創建的長江實業還是一個普通企業，但他的口碑已經在香港傳開了，港人都親切地稱他為塑膠花大王。現在的深水灣道三十九號，就是李嘉誠的大宅，那裡就是李澤楷與哥哥李澤鉅的成長之地。

每逢週末，李嘉誠都會帶他們出海，看看大海的波瀾起伏，感受大海的博大。行前，李嘉誠一定會帶本文言書，在茫茫大海困身遊艇之際，兄弟倆在父親的監督下硬著頭皮讀書，打好中文基礎。

上小學時，李澤楷與比他大兩歲的哥哥李澤鉅一起就讀香港名校聖保羅小學。雖說兄弟倆是富豪公子，外人卻怎麼也看不出來，尤其李澤楷更是低調，從不在外人面前表現。據當年一位校工回憶說：「當時，我們都知他是李嘉誠的兒子，但在這裡讀書的富家弟子太多，加上他平時也不怎麼出風頭，因此，大家對他也沒有什麼深刻的印象。」

上中學後，李澤楷表現出極為反叛的個性。有一次，他與同學在上課時偷偷煮東西吃，老師發現後十分氣憤，於是罰他們坐垃圾筒示眾。其實，在課堂裡能煮出什麼好東西吃？李澤楷這樣做，無疑是反叛心理的驅使。說來也有趣，那位老師看著被罰的李澤楷，說：「我管你是不是李嘉誠的兒子，我一樣罰！」針尖對麥芒，李澤楷這下子遇到了能修理他的對手了！打從三、四歲時，李澤楷每日放學回家後，李嘉誠就督促他跟一外籍家庭教師學英文；六、七歲時，便常與哥哥一起被李嘉誠帶往公司出席公司董事級會議；剛滿十三歲，就被送往加州。他後來回憶說，在加州的日子是他一生中最寂寞的，唯一發洩的辦法就是致電媽媽訴苦。

和李嘉誠一樣，母親莊明月對兩個孩子要求也很嚴格，為了讓兩兄弟不忘記中文，她要求他們每星期都寫中文信回家，由她親自修改後，再寄回給他們。

為了讓兒子有獨立生活的能力，李嘉誠沒有替兒子請保母，逼他們練就獨立自主的生活習慣。從那時起，李澤楷學會了自己炒雞蛋，並透過電視上的烹飪節目學會製作不同菜肴。李澤楷當然明白父親的用意，在美國讀書時，他很少透露自己是李嘉誠的兒子。他知道父親這麼做的目的就是想讓他不依賴父親，自食其力。他曾在麥當勞打過工，在高爾夫球場做過球童，由於做球童時常常要背負沉重的球袋，所以，至今他右邊肩膀筋骨有時仍感酸疼。

行動指南

法國思想家盧梭（Jean-Jacques Rousseau）曾說：「你知道用什麼方法可以使孩子成為不幸的人嗎？就是對他百依百順。」如果你想把孩子培養成一個有用的人才，那就讓他多吃點苦、多點磨礪吧！放開你的手腳，鍛鍊他們的生活自理能力，讓孩子學會獨立；培養他們的人際交往能力和適應能力，學會與他人交往合作。

第3週
Tue.

做個真正的良善之人

我做人的宗旨是刻苦做事，善待別人。

——二〇〇七年七月二十二日，北京中央電視台《名人面對面》訪談

1月 2月 3月 4月 5月 6月 7月 8月 9月 10月 11月 12月

背景分析

如果子孫們有骨氣，那麼，他們一定不會去仰仗父輩光芒，選擇靠自己的實力去開闢天地。反之，如果子孫貪圖享樂，不思進取，存在著依賴心理，動不動就露出家底，用其父是誰、其母是誰等等這樣的廠詞來威脅、炫財耀福，即便祖上有萬貫家財，也只能是他們貪圖享受、驕奢淫逸的溫床，最後不但毫無建樹，且會斷送家族的大好基業，自己也變成了十足的紈袴子弟了，更有甚者，還會成為危害社會的蛀蟲。

李嘉誠諳熟這些教子的道理，也深知其利害關係。因此在培養接班人方面，他總是嚴格要求自己的兩個兒子，而李澤鉅和李澤楷在父親的耳濡目染下，也很自覺勤奮。

李嘉誠自幼家境貧寒，家裡沒有餘錢供他讀書，因此很早就輟學了。但李嘉誠不是個甘心貧困的人，他註定不是池中物，他要改變這一切，要向命運發起挑戰。也就從那時起，他勤奮學習，積極地拓寬自己的知識面。不管工作有多忙、有多累，晚上回家他都要坐在書桌前閱讀，自學外語。

就連帶孩子出海游泳，他都隨身帶著書以隨時給孩子們輔導。從海水中上來，就給他們上一堂傳統的國學課。老子《道德經》、《莊子》、《論語》這些書都是他必帶的，一句一句讀，然後再逐字去解釋給孩子們聽。李嘉誠就是這樣，他想用優秀的國學書籍，讓孩子從中汲取營養，從而做一個真正善良的人。時間一天天過去了，李澤鉅和李澤楷在父親的講解中，記住了那些傳統的做人準則，孔子的仁，孟子的義，他們都熟記於心。

做一個良善的好人、正直的人，正是李嘉誠培養孩子的目標，他將這些道理灌輸到了兒子們的思想，成為自身一部分，而不是裝出來的虛偽。從小事做起，從點滴做起，要做個真正的良善之人。

有一次，香港遭遇颱風襲擊，李嘉誠大宅門前的一棵大樹被颳倒了，為了疏通道路，有兩個菲律賓工人在風雨中鋸樹，颱風夾雜著大雨，呼嘯而來。看到這一幕，李嘉誠馬上把兒子喊了過來，指著窗外的鋸樹工人說：「兒啊，你看這兩個菲律賓工人，他們背井離鄉來到香港工作，很辛苦啊，我想，你們已經知道我叫你們來的緣故了吧。」看著慈眉善目的父親，李澤鉅和李澤楷馬上就知道自己該做什麼了，他們穿好衣服，跑進了風雨中……看到孩子們的這番舉動，李嘉誠的臉上露出了欣慰的笑容。

行動指南

善，沒有暴戾那般顯眼，但更為有力。善和大美就像潺潺水流，終究滌蕩人心。做一個良善、有悲憫之心的人，處理事情就會有空曠的餘地。如果不具備這些，即使精明有才能的人，也不令人覺得尊貴，反而會遭人唾棄。

呵護與縱容不同

讓孩子們早一點獨立生活，勝過給他們金窩銀窩。

——李嘉誠教子語錄

背景分析

兒子們日漸長大，李嘉誠決定把他們送出國門，去體驗獨立生活的滋味。這個決定對於還是十三、四的李澤鉅和李澤楷來說，似乎有些殘酷，這意味著他們將離開父母的呵護，告別衣食無憂的生活，獨自在一個陌生的環境中生存。讓孩子們在這麼小的時候就脫離家庭，到千里之外的異國他鄉去求學對此，李嘉誠解釋說：讓孩子們早點獨立生活，比給他們金窩銀窩有意義得多。

到美國的第一個晚上，面對陌生和寂寞，李澤鉅和李澤楷兄弟倆真是手足無措。想想以前，凡事都是父母一手操辦的，現在身在異國他鄉，父母遠在萬里，事無大小都得自己解決，加上語言不通，兄弟倆感到寸步難行。此時此刻，他們才切身體會到什麼叫真正的獨立生活。

對於遠方的兒子，母親莊明月自然格外牽掛。每每聽到孩子們聲淚俱下的電話，莊明月莫不心如刀絞，但她明白，李嘉誠的用意就是不想讓孩子們老待在安樂窩中，他們只有盡早經受暴風雨的洗禮，才能砥礪出堅強的意志，才能在未來的路上經得住風吹雨打。所以，每當聽到兒子們滿腹委屈的聲音時，她都堅定地鼓勵他們堅持下去。

在學會照顧好自己的生活後，兄弟倆就開始尋求生計，利用學習之餘去賺錢。李嘉誠沒有給他們配車，兄弟倆的出行工具就是一人一輛自行車。這麼艱辛的生活，讓那些熟識他們的朋友大惑不解：「你們的父親是亞洲的大富豪了，可為什麼你們還要這麼辛苦地生活？」兄弟倆相視而笑，若無其事地回答：「那又怎樣？」

行動指南

父母的呵護是為了讓孩子不受傷害，為了讓他們健康成長。但是，不要因為呵護而對孩子的驕橫任性聽之、任之，要為他們在「可以」和「不可以」之間劃一條清晰的界限，做到事事有章可循，學會忍受一時的不舒服、煩心，甚至忍受必要的痛苦。

第3週
Thu.

自己創業去

我的公司不需要你們！

——李嘉誠訓子語錄

背景分析

商場上，李嘉誠無疑是個絕頂高手；作為一個父親，李嘉誠也是教子行家。對於李澤鉅、李澤楷的成長，李嘉誠傾注了大量的心血。李嘉誠在讓父愛的溫暖時刻關照他們的同時，也以嚴厲的態度，要求他們學會知書達理、坦誠做人，他絕對不允許自己的兒子像其他嘴裡含著金鑰匙出世的公子哥那樣，驕横跋扈，目中無人。

是年，李澤鉅和李澤楷兄弟倆都以傲人的成績從史丹佛大學畢業。畢業後兄弟倆滿懷信心地想在父親的公司裡一展才華，按照常理，這是天經地義的，豈料遭到父親的極力反對，李嘉誠義正詞嚴地對他們說：「我的公司不需要你們！」兄弟倆當場就被震住了，說：「爸爸，您這是在和我們開玩笑吧？家裡有這麼多公司，難道就沒有一個適合我們工作的？」李嘉誠陰沉著臉，嚴肅地說：「別說我只有兩個兒子，就是有再多的兒子我也能安排。但是，我希望你們不要坐享其成，要先自己去打拚，讓實踐證明你們的能力，到那時再來我的公司任職。」

吃了閉門羹的兄弟倆不得不再次離開香港，投身加拿大，從零開始，一步一步地開始創業。一番磕絆之後，兄弟倆終於有所建樹，大哥李澤鉅成了一家地產開發公司的總經理，李澤楷躋身多倫多投資銀行的股東。在兄弟兩人的艱苦創業中，李嘉誠如冷血動物般對他們不管不問，任憑他們在商海裡摸爬滾打。

李嘉誠的冷若冰霜，練就了兒子獨立自強、積極向上的品格。如今，李澤鉅和李澤楷都聲名在外，在商界成了舉足輕重的人物。後來，李澤鉅加入了父親的長實公司，父子配合得天衣無縫，開創了李家更加輝煌的未來；而小兒子李澤楷則以九十億元的身價一躍成為商界明星，可謂虎父無犬子。

李嘉誠還說：「對於澤鉅和澤楷，我沒有一般中國人一定要子孫繼承事業的想法。但是，我會給他們機會，給他們創造繼續發展的良好條件，如果最後他們的能力確實無法勝任，那麼我認為企業仍可以繼續發展，只是毋須李家管理。一個真正優質的企業，只有組織正確、有一套健全的制度和科學的管理，才能生存、向前發展。」

作為父親，李嘉誠是慈愛的，那是出自一個父親的本性；對於孩子們的培養，李嘉誠卻是嚴厲絕情的，不過這是基於清醒的認識之上的，這是隱藏於大愛之下的慈愛，是其深度與深刻，讓人敬佩。

行動指南

作為父親，一方面你要給孩子慈愛，在他們布滿荊棘的人生路上給他們安慰與鼓勵；另一方面，在培養他們的人格、磨練他們的意志上，要勇於拉下臉來，給他們鍛鍊的機會，因為只有自己闖出來的道路，才最能經得住考驗。

第3週 Fri.

把人放到正確的位置上

知人善任，大多數人都會有部分的長處，部分的短處，各盡所能，各得所需，以量才而用為原則。

——「李嘉誠自傳」影片內容

背景分析

二〇一二年五月二十五日，李嘉誠正式對外宣布分家方案，指定長子李澤鉅接手長江集團，並大力支持次子李澤楷發展自己的事業；七月十六日，李嘉誠再將分家前原本給次子李澤楷的三分之一的權益（家族信託中原）全部轉給李澤鉅，至此，分家方案正式落實。

如今，四十八歲的李澤鉅正式接掌了長江實業，它是一個市值超過八千五百億港元、擁有二十二家上市公司的商業王國。而李澤鉅本人持有百分之四十點五一的長江股份，百分之三十五的加拿大上市公司赫斯基能源❹，綜合資產已達二千九百億港元，這個數字已遠遠超過其父李嘉誠在二〇一一年一千七百零八億港元的資產，李澤鉅晉升成名副其實的首富。

在中國這片土地上，「傳長不傳幼」是很傳統的家族傳承方式。作為一名土生土長的中國人，李嘉誠有這樣的思想無可厚非，但更重要的是，他把帝國的接力棒交給長子，是在充分分析兩個兒子性格差異後所作的決定。長子李澤鉅老實本分，有守江山的能力；而次子李澤楷個性叛逆，喜歡破舊立新，適合創業，如果把他固定在一個既有模式上，可能會害了他。權衡起來，長子李澤鉅當然是接棒的不二人選。

對李嘉誠的傳位策略，外界看法不一，有人認為李澤鉅性格過於沉穩，幾十年來循規蹈矩，建樹不多，其實這樣的看法有失公平。李嘉誠數以千億計的財富在這個時代很難有人能超越，李澤鉅只不過是李嘉誠的兒子，在這經濟一體化的年代，他和其他商界人士一樣，對李嘉誠的成就終究難望其項背。然而在李嘉誠的一手栽培下，李澤鉅已經具備了運轉李氏王國的能力。

自從李澤鉅於二〇〇〇年進入長實核心層後，長實集團就實現了華麗轉身，香港華資企業就此蛻變為國際企業，資產和業務也突破了地域局限，遍及全球五十多個國家和地區，其中海外業務占百分之八十之巨，而香港本土業務只占到了百分之十六，全球員工達三十萬人之多，全球化經營已成定局。

李嘉誠選擇的正確性得到了印證。李澤鉅二十五歲躋身長實的執行董事；二十八歲代替父親進入滙豐董事會，並成為其中的核心人物；二十九歲，李澤鉅羽翼豐滿，被長實推薦為副董事總經理，而立之年的李澤鉅遂成為長實副主席；三十五歲，正式成為長實董事總經理。

行動指南

在接班人培養上，最核心的一點就是用人所長，因為每個人的性格各不相同，各自追求的目

❹ 赫斯基能源公司（Hursky Energy），加拿大專事深海油氣探勘的公司。

標也就有所不同。因此在培養接班人上，應當運籌帷幄，知人善任，把合適的人放到合適的位置上，注意「用人之長，避人之短」。

第4週 Mon.

早已開始的繼承

身處在瞬息萬變的社會中，應該求創新，加強能力，居安思危，無論你發展得多好，時刻都要做好準備。

——李嘉誠給年輕商人的九十八條忠告

背景分析

李嘉誠把李氏帝國的掌門位置傳授給了長子李澤鉅，但對於小兒子李澤楷，他並不是撒手不管。他尊重李澤楷的選擇，也相信李澤楷在沒有父親光環的籠罩下，也能闖出一片天地，因此，他把自己多年苦心經營下的關係全數交給了李澤楷，以為補償。

李嘉誠的關係有多少？據《中國經濟季刊》（*China Economic Quarterly*）總編喬．史塔威爾（Joe Studwell）❺說，李嘉誠與其他香港大亨一樣，在他每天長達十七、八個小時的工作時間中，打理人際關係的時間就占了三分之二，可見他所積累的人脈有廣。

外人看來，李澤楷是個創業者，而非李嘉誠的繼承者與守業者。事實並非如此，李澤楷雖沒有在李嘉誠旗下的集團就職，卻仍然是父親財富的繼承者。他的第一樁生意，就是在父親五億港元的大力支持下才拿下的；在與梅鐸談判時，他的私人遊艇和直升機相當有氣勢，也都是李嘉誠相助的，李嘉誠這麼做，無非是替李澤楷增加與梅鐸談判的籌碼；在後來的生意往來中，李嘉誠提供李澤楷一大筆錢，讓他收購他看好的公司。對此，知情人士說，李澤楷肯定繼承了李氏財富，而聲望與權力的繼承，其實在多年前就開始了，只是不為外界所知。

一九九八年，在父親李嘉誠的協助下，李澤楷成功遊說港府，憑藉一紙宏偉的紙上計畫，免費獲取了獨家開發六十四英畝的土地的特權。這一事件在香港引起了廣泛的輿論和激烈的批評。明眼人都知道，如果沒有李嘉誠與港督深厚的交情，李澤楷是不可能辦得成這件事的。如果這一筆交易李澤楷的根基還沒站穩，那麼二〇〇〇年他大手筆收購香港電訊時所體現出的高超財技，則是一次繼承的宣示，只是結果沒有預期的好罷了。

如今，李澤楷保持了李嘉誠低調的風格，從其座車就可窺見一斑，但這一輛普通的私家車上貼的停車證卻讓人嚇一跳，有各類會所的停車證，如馬會、深灣遊艇會、皇家高爾夫球會……層層疊疊數十個。這些高檔交際場所的通行證，其實都是父親傳給他的。

❺喬．史塔威爾於一九八〇年代開始於亞洲從事新聞工作，深諳中國經濟發展，《中國經濟季刊》是他於一九九七年創辦的。

行動指南

財富的繼承並不是在交接班的那一剎完成的。一邊培養接班人，一邊給予他支援，等他羽翼豐滿了，回頭一看，即便沒有拿到權利的柄杖，他也已經在繼承著父輩的恩惠了。

第4週
Tue.

抓住時機

當你猶豫的時候，時機已經過了。很多時候，我們並沒有機會和時間進行抉擇，只是本能地做了一個決定而已。如果凡事再三權衡，猶猶豫豫，舉棋不定，待到想好了去做的時候，早已時過境遷，機會已經沒有了。所以，把握眼前的機會，才是至關重要的。

——李嘉誠經典語錄

背景分析

相信不少企業的管理者都在抱怨如今的市場是多麼疲軟，能賺錢的機會太少太少了，甚至有人認為，亞洲首富李嘉誠之所以能成功，是他壟斷市場的必然結果。果真如此嗎？李嘉誠回應道：「我事業剛起步時，除了單槍匹馬，沒有比其他競爭對手還優越的條件。」機會是均等的，就看你能不能抓得住。

一九四五年，二次世界大戰剛剛結束，李嘉誠所在工廠的老闆有一份急信要發出去，偏巧負責發信的書記員請假了，情急之下，大家想起了李嘉誠，因為大家都知道他十分好學，李嘉誠也自告奮勇，保證圓滿完成任務。最後，他出色的表現讓老闆刮目相看，隨即將他從一名幹雜活的小工調至擔任貨倉管理員，加上他優秀的工作能力，剛滿十九歲，便順利成為了工廠的總經理。

機會來了，就要毫不遲疑地抓住，如果在機會面前躊躇再三，便會讓它跑到九霄雲外去了。李嘉誠說，機會有時就是命運的咽喉，因此他在培養接班人方面，時常教導孩子們要善於捕捉機會，不要讓機會錯過了而空留遺憾。

在李嘉誠的灌輸下，他的兒子們也學得了其中精髓。二〇〇三年，李澤鉅的名字頻繁出現在書刊雜誌上，引起港人極大關注，因為李澤鉅是個很少拋頭露面的人，為何會一下子成為傳媒關注的焦點？最後是加拿大航空公司（Air Canada）給了真相：原來，李澤鉅以一家私人控股公司的名義，以三十八億港元的壓倒性優勢，成功獲得了加航百分之三十一的股權，成為加航史上最大的單一股東。這宗買賣是李澤鉅首次以私人名義投資的，標誌著李氏家族將正式大規模涉足航空業。

加航是加拿大最大的航空公司，全球排名第十一位，但是缺乏一個能守住這塊招牌的強勢領導人，致使經營不善，效率低下；其次，九一一和伊拉克戰爭等一系列事件，也是加速加航破產的導火索，連續三年，加航共虧損一百五十一億三千二百萬港元，負債達七百六十三億港元。四面楚歌的加航身陷困境，不得不於二〇〇三年四月一日申請破產保護。

有專家指出，李氏家族一向的收購策略，都是在收購對象的股票降至冰點時進行的，也就是在收購價低於對方公司淨資產的時候動手。李澤鉅此次入股加航，可以說就是抓住了時機。事實亦證明，李澤鉅此舉的確給李氏集團帶來不菲的收益。

如何才能抓住時機呢？李嘉誠說，機會如白駒過隙，稍縱即逝，要想捕得機會的身影，就得從以下四點做起。第一，知己知彼。老子《道德經》云：知人者智，自知者明，勝人者有力，自勝者強。第二，練得一雙慧眼，如何才能練就出準確的眼光呢？李嘉誠的作法就是勤學知識，他說，知識的最大作用就是磨礪眼光，增強判斷力。第三，設定座標。尤其是在企業經營方面，設定座標就顯得尤為重要。李嘉誠舉例說，一九七九年長實收購和黃，就是在中國的哲學思維和西方的管理思維兩大領域中，找到了適合長實的發展座標，為公司定位。第四，毅力和堅持。李嘉誠用愛因斯坦（Albert Einstein）的話解釋道：成功就是百分之一的靈感加百分之九十九的汗水，揮灑汗水的過程就是毅力和堅持的過程。

行動指南

抓住時機，最大限度地利用一切可以利用的機會，採取行動，達到預期的目的。所以，作為一個有策略眼光的管理者，就要善於發現時機，捕捉時機，然後不失時機地出手，充分利用時機，從而實現自己的目標。

見好要收，見壞更要收

貪婪是最真實的貧窮，滿足是最真實的財富。

——李嘉誠經典名言語錄

背景分析

李嘉誠經常告誡兒子們，生意場上切忌貪婪，當你賺完應賺的財富後，就要用左手按住右手，適時地告訴自己見好就收，切勿貪心四起，免得最終落得個兩手空空。如果按捺不住這份私心，一腳踏錯，但當覺悟之後，也應該記住見壞更要收，以免一錯再錯，遺恨終生。

機遇和風險是一對孿生兄弟，許多機遇看似誘惑無限，實則危機四伏。所以，當事情已呈現出不良傾向時，如果還不醒悟，還期待著奇蹟出現，無異於給問題提供了發酵的溫床，也等同把自己的利益交給不可知的外力。因此，李嘉誠主張能退能進，當局勢有利時，快馬加鞭；情勢逆轉時，及早勒馬停止。

一九八六年，和黃行政總裁馬世民提出了一個頗具前瞻性的策略——立足香港、跨國投資，這一策略得到了李嘉誠認可，並大力支持和黃在海外投資。但是種子撒出去，卻遲遲等不來豐收的碩果。一九九二年，李嘉誠綜合各項指標，詳細分析了和黃這幾年來的成績，發現潛在的問題和隱患不勝枚舉，痛定思痛後，他毅然做出了懸崖勒馬的決定，終止了加拿大赫斯基石油的十四億二千萬港元的巨額投資，並以壞帳處理。

這一急煞車，無疑令和黃的贏面戛然而止，但李嘉誠認為對於失敗的專案，就得當斷即斷。無處不生意，他情願去開拓一個全新的領域，也不願在失敗的項目上一虧再虧，因為扭轉所花費的精力和既得收益往往不成正比，所以不如壯士斷腕，另闢蹊徑。

後來的電信盈科也如出一轍。當時，電信盈科給和黃帶來了神話般的光環，但光環背後卻是一片慘澹，神話般的盈科並沒有給和黃帶來神話般的利益，雖然它依舊風光無限。基於此，李嘉誠不只一次地忠告和黃，在一個激進的時代，要時刻保持清醒的判斷力，切忌被一時的勝利沖昏了頭腦，一錯再錯。

李嘉誠的這一先見之明也表現在培養兒子們上。他教導李澤鉅和李澤楷，任何事都不可能總是平順無險，因此務必要正視現實，掌握適可而止的原則。比如，見到利益不能貪得無饜，要捨得放手，見好就收；身陷困境時，更要及時放手，不能抱著化險為夷的僥倖心理，愚蠢地堅持，否則將為此付出巨大的代價。

行動指南

見好就收！世界上永遠有數不盡的財富，卻沒有一樣可以換來穩健踏實。很多時候，得到的同時是失去的開端，當你無法把握穩健經營時，才會意識到貪婪帶給了你什麼。

培養孩子的冒險精神

如果眼光不放得遠一點，肯定不會有大前程。

——《華人首富李嘉誠生意經》

背景分析

李嘉誠的少年時代是艱苦的，但他始終沒有向命運低頭。在各種困難面前，他披荊斬棘，開創未來。艱苦的生活磨練了他堅強的意志，在萬般無奈之際，他毅然決然地決定冒險。雖然他是個注重風險防範的人，但這並不影響他冒險氣質的發揮。

他創業階段正值銀行擠兌風潮盛行的時期，英資銀行毫不留情地吞掉了廖創興、恒生等華資銀行百分之五十的股份。銀根吃緊，企業三角債❻日漸劇烈，還有多少資本可供創業者運作呢？李嘉誠一籌莫展，當時他經營的房地產業一下子陷入了僵局。一九六七年，香港爆發了「五月風暴」，不少資本大鱷紛紛移民海外，香港房地產市場立刻一落千丈。隨後工廠停產，地產公司關門，這是滅頂之災，還是機會的降臨？李嘉誠內心五味雜陳，但冥冥之中，他看到了絲絲光亮：一個不能冒險的人，機會是不會垂青於他的。在一片質疑聲中，李嘉誠毅然決定收購了所有港商

❻三角債即企業之間出現彼此積欠了無力償還的債務，卻又互相進討。

拋棄的土地、物業。在別人看來，李嘉誠簡直就是一個瘋子。後來香港平穩回歸中國，李嘉誠冒險收購的土地和物業轉眼間身價暴漲，陷入困境的他終於獲得了新生。

多年的商場打拚，磨練了李嘉誠敢於冒險的品質，因此他在培養接班人時，也希望兒子們具備點冒險精神，而不是瞻前顧後，裹足不前。小兒子李澤楷正是承襲了父親這一特質。

在繼承李氏王國的基業方面，李澤楷沒有實質性地參與角逐，只是從李嘉誠那裡借得一筆錢，開始了他的第一次冒險——運作香港衛視。在亞洲，衛視是首項衛星傳輸有線電視服務，在李澤楷的運作下，衛視在短短的三年內就獲得極大的收益，在亞洲、中東和歐洲，衛視的用戶達到了五千三百萬之眾。

衛視是李澤楷一手締造的，該專案的啟動資金是一億二千五百萬美元，在經過三年的妥善經營後，已被李澤楷打理得井井有條。為了賺取更多收益，李澤楷決定以九億五千萬美元（當時約合三十億港元）的價格出手給梅鐸的新聞集團。獲利後的李澤楷隨即運用出售衛視的收益，成立了「太平洋世紀集團」，一項新的業務在李澤楷的冒險智慧下悄悄地起航了。後來，李澤楷又獲得「數碼港項目」的特權，隨即將數碼港注入上市公司「得信佳」，並更名為「盈科數碼動力」，實現了借殼上市的完美成績。李澤楷一系列的舉措無不充滿冒險色彩，這使他成功與跨國巨頭英特爾（Intel）、澳洲電話公司等結成了策略夥伴關係，而「香港電訊」在不到一年的時間內也成了李澤楷的囊中之物。

冒險成就了李澤楷，從此開啟了他創業的大門，這份敢於冒險的精神，正是他從父親李嘉誠身上汲取到的養分。

行動指南

一個人要想取得事業的成功，一定要先摒除畏首畏尾的習慣，具備一點冒險。但是這種冒險不是盲目的，而是有所籌畫的健康冒險。正如洛克菲勒❼告誡他兒子時所說的：「如果你想知道既冒險而又不招致失敗的技巧，你只需記住一句話：大膽籌畫，小心實施。」

第4週
Fri.

滿足等於失去前進的動力

對於商人來說，最可怕的是止步自滿，滿足於眼前的一些蠅頭小利。因為這種滿足感，會使人失去前進的動力。要想做大事業必須對自己已有的成就永不滿足。

——《李嘉誠做大的十二字箴言》

❼洛克菲勒（John Davison Rockefeller），美國石油大亨暨慈善家。

背景分析

年少時的李嘉誠因為父親去世得早，十四歲的他便被迫輟學，扛起了家庭的重擔。他最初是在舅父的鐘錶公司裡當學徒，後來又去做推銷員。當時，李嘉誠以自己的勤奮用心，使五金廠的業務扭虧為盈，深得老闆的賞識。小有成就的他被同事們嘖嘖稱讚，一條康莊大道似乎已擺在他的面前，但他生來就非池中之物，便選擇離開舅父的公司。如果當年李嘉誠沒有換跑道，就不會有現在的華人首富。正是這種永不滿足的心態，使他擺脫了寄人籬下的命運。

李嘉誠的一生都在奮力拚搏，他是個不自滿、不安於現狀的人。從在茶樓跑堂到鐘錶公司的學徒，從五金廠推銷員到塑膠廠總經理，他一換再換，每一次換工作，都是一次蛻變。

培養接班人時，李嘉誠也時刻告誡孩子們，作為一個商人，如果止步於眼前的安樂窩中，那再大的基業也將被坐吃山空。所以，要時刻抱有一顆永不知足的心，一往直前開創事業。

在父親的諄諄教導之下，小兒子李澤楷就是個名副其實的永不知足的商界新秀。生在名門望族，李澤楷是含著金鑰匙出生的天之驕子，有這麼一個富豪爸爸，在常人眼中是多麼有福氣啊！可是李澤楷卻直言，他要走出父親的光環，開創一片自己的事業。

看著兒子有這麼大的決心，李嘉誠對妻子莊明月說，此子必有出息！為了鍛鍊李澤楷的毅力，李嘉誠忍痛把孩子隻身送到美國讀書，李澤楷明白父親的用意，因此從中學時代開始，他就不再拿家裡的一分錢，以頑強的毅力在外面打工，多少磨難只有自己知道。李澤楷清楚明白，溫室裡的花朵終究生長不大的。因此，在美國史丹佛大學電腦工程系求學的過程裡，他自始至終都保持著獨立自主、敢為人先的品格。當中有甜頭，更多的是苦頭，但他總能適時調整過來。經過一番打拚後，李澤楷終於如願達到目標，擺脫了父親的光環，有了自己的事業。這就是李澤楷，他沒有止步在父親的金字塔面前，而是開闢出另一番天地，成為亞洲以至全球商界的風雲人物。

行動指南

對現狀的不滿足是進步的階梯。想要變得更好，永不滿足的心理就是事業發展的動力，一旦喪失了這個動力，發展也就馬上止步了。所以，要想有所成就，就要永遠有這種不滿足的心理，同時腳踏實地地一步步做，事業將會愈來愈大。

Oct.
十月

財務策略

在衰退期間，我們總會大量投資。我們主要的衡量標準是，從長遠角度看該項資產是否有贏利潛力，而不是該項資產當時是否便宜，或者是否有人對它感興趣。

保持穩健的財務狀況

眼光放大放遠，發展中不忘穩健，這是我做人的哲學。進取中不忘穩健，穩健中不忘進取，這是我投資的宗旨。

——《李嘉誠經商自白書》

背景分析

李嘉誠的長江集團財務狀況一直都很穩健，而且集團各部屬公司的營運也都遠遠優於同行其他公司。例如，長江實業的負債比率一直較平穩，介於零點二到零點三之間，在多數情況下，比同業的新鴻基要低一些；和記黃埔的負債比率也一直維持在零點四到零點六之間，比同業的怡和、太古還要低。當面臨機會時，李嘉誠旗下集團穩健的運作，使其比競爭對手更有能力果斷做出決定，把握機會。

也正因為如此，李嘉誠才得以成功收購和記黃埔。一九七九年九月，和記黃埔由於過度擴充，公司財務出現緊張。更為要緊的是，作為和記黃埔大股東之一的滙豐銀行也因為要收購紐約海洋密蘭銀行（Marine Midland Bank）而急需大量資金，所以有意出售持有的和記黃埔股份。李嘉誠抓住這個難得的機會，以六億三千九百萬港元成功拿下了百分之二十二點四和記黃埔股權，成為首位控制英國洋行的華人。分析李嘉誠成功的原因，首先是由於和記黃埔本身出現問題，更重要的是長江實業有比潛在對手更強的收購能力。當時，長江實業負債率只有零點四，而潛在競爭對手新鴻基為零點五九、太古則高達零點六四。所以李嘉誠的成功，與他旗下集團穩健的財務狀況密不可分。

行動指南

保持穩健的財務狀況，便可以充分把握外來機會。

第1週 Tue.

現金為王

現金流、公司負債的百分比是我一貫最注重的環節，是任何公司的重要健康指標。任何發展中的業務，一定要讓業績達致正數的現金流。

——〈不疾而速李嘉誠〉

背景分析

李嘉誠一直奉行的財務政策是「現金為王」，即使在房市低迷時，李嘉誠比同業更願意採取低價銷售策略，以達到快速回收資金的目的。

近幾年，和記黃埔商業運作模式就充分體現出現金為王的原則，它的定位是，透過一系列能產生穩定現金流的業務，為投資回報週期長、資本密集型的新興「準壟斷」行業提供強大的現金流支援。

在這一原則下，一九九八年亞洲金融危機過後，和記黃埔先後對外出售了Orange等資產，獲得了大量資金，他們一方面用這部分資金平緩業績波動，另一方面也用來大舉投資港口、移動通信等準壟斷行業。此外，和記黃埔又採取了將各專案分拆上市的戰略，使各專案負擔自身的現金流，避免公司的股價被嚴重低估。這些方面作法都可以看出李嘉誠維持現金流的策略。

行動指南

現金可隨時調動，資產不能隨時變為現金。有充足的現金，就能應對各種險境。

維持流動資產大於全部負債

在開拓業務方面，保持現金儲備多於負債，要求收入與支出平衡，甚至要有贏利，我想求的是穩健與進取中取得平衡。

——二〇〇一年二月二日，與香港中文大學EMBA學生的談話

背景分析

李嘉誠一直以來都高度重視現金流，他常常說：「一家公司即使有贏利，也可能破產，但一家公司的現金流是正數的話，便不容易倒閉。」

李嘉誠曾對媒體表示：「在開拓業務方面，保持現金儲備多於負債，要求收入與支出平衡，甚至要有贏利，我想求的是在穩健與進取中取得平衡。」他是這麼說的，也是這麼做的。據長江實業財務公告，長江實業集團對外投資等非流動資產占總資產的百分之七十五以上，在經濟危機來臨之前，比例更是高達百分之八十五以上。如此巨大的資產，管理起來肯定極其不易，而其中最有效的措施，就是李嘉誠所奉行的「高現金、低負債」財務政策，把資產負債率一直維持在百分之十二左右。李嘉誠嚴格控制負債比例，使公司每次都能在危機中規避風險，這是他穩健經營的關鍵之處。

一九九四至一九九五年，香港經濟出現持續繁榮，政府為了抑制房價推出一系列措施，銀行

也一再調高貸款利率，雙管齊下之下使香港房市陷入低谷，住宅銷售連遭滑鐵盧。而房地產開發正是長江實業的主要收入來源，在這一年，他們便積極調整財務策略，大幅降低長期貸款，提高資產周轉率，使流動資產大於所有負債。一九九六年，香港經濟逐漸恢復，房價和股市也進入繁榮時期，長江實業的流動資產淨值大幅增長，但並沒有為了贏利而大舉負債，依然低調地保持著原有的線性增長速度。一九九七下半年亞洲金融危機爆發時，長江實業流動資產仍大於全部負債，遂降低了金融危機對其的影響。

行動指南

高現金，低負債，才是健康的財務管理。

第1週 Thu.

借股市高位再融資

隨時留心身邊有無生意可做，才能抓住機會，把握升浪的起始點。出手愈快愈好。碰到不尋常的事發生時，立即想到賺錢，這是生意人應當具備的素質。

——《李嘉誠語錄》

背景分析

股市與房市是密不可分的一體，具體表現形式是，房地產商為了得到圈地❶的資金，便到股市融資，經過一系列的操作後終於募集資金，然後四處圈地，這就是地價上漲的根本原因。房地產商把這種高價圈來的地的價值直接轉嫁到其市值上，又在資本市場上增加新股，以帶動新一輪的再融資，如此往復循環。這種狀況表現在銷售市場上，就是高地價帶來的高房價，房地產商獲得巨額利潤後再進入股市，股價就在他們的推動下迅速飆升。但是李嘉誠很少進行這種形式的融資，這並不是說他從不借股本融資，當機會出現時，他也會毫不猶豫，果斷出手。

在一九九七年亞洲金融危機來臨之前，香港恒生指數從一九九五年年初開始大幅上升，到一九九六年年底，漲幅已經達到百分之八十九點五。而且自一九九五年冬季起，香港房地產開始回暖，房價幾乎每天都在攀升。在股價和房價雙雙高漲的情況下，一九九六年，長江實業決定實施首次股本融資，在此之前的九年期間，長江實業從未進行過股本融資，此次操作，必是李嘉誠看準了潛在的某個機遇。此次融資，長江實業共募得五十一億五千四百萬港元的資金。另外，長江實業依託附屬子公司向少數股東發行了大量的股份，也募集了四十一億七千八百萬港元的資金。透過這次股本融資，長江實業當年就把公司的現金流由負轉正。經過李嘉誠的精心操作，長江實

❶圈地原指古代諸侯或貴族為將整片土地納為私有而強制驅離原本居民的作法，現指企業在某個區域內集中資源開店，將可能開設的門店數量盡量開完，以充分開發該區域市場潛力，發揮資源整合優勢，降低管理和後勤服務成本，擴大宣傳效果，以達規模效益的目的。

業在亞洲金融危機中免遭其難，從容地進行選擇性投資。

行動指南

借勢融資，把握機會；要有所為，有所不為。

第1週 Fri.

率先降價銷售

靈活的架構可以為集團輸送生命動力，還可以給不同業務的管理層自我發展的生命力，甚至讓他們互相競爭，不斷尋找最佳發展機會，帶給公司最大利益。

——《李嘉誠人生哲學書》

背景分析

亞洲金融風暴突然襲來，一九九七年第四季，香港的經濟和物業市場急轉直下，但是李嘉誠的地產業卻出人意料地取得不小的收穫，他旗下企業開發的聽濤雅苑二期❷獲得了高達三倍的超額認購。

李嘉誠認為他之所以能取得這樣的成績，是因為注重靈活掌握市場動向的行銷策略，只有掌握這個策略，才會將風險降到最小。其實，長江實業在業內率先實施了降價策略，香港其他房地產開發商才紛紛加入降價行列。

摩根史坦利❸金融服務公司同期的一份研究報告指出：「長江實業比競爭對手更願意採用低價策略來加快銷售。香港住宅市場自一九九七年六月以後持續下滑的形勢，證明這是一個恰當的策略。」

行動指南

有實力才能引導市場，把握主動權，始終做市場的領航者。

❷聽濤雅苑二期，是位於香港新界東馬鞍山的臨海處的住宅大樓，銷售時還曾於電視台播放廣告。
❸摩根史坦利（Morgan Stanley），提供證券、信用卡和資產管理等業務服務的國際金融公司。

內部互助，此消彼長

我不是只投資一種行業，我是分散投資的，所以無論如何都有回報。

——二〇〇八年十一月二十一日，接受《全球商業經典》和《商業周刊》的採訪

背景分析

李嘉誠企業的最大優勢就是利潤來源多元化，如此才能快速應對市場變化，可以取長補短。例如，長江實業持有和記黃埔近百分之五十的股份，和記黃埔是個國際化和多元化程度很高的企業，在一定程度上減輕了一九九七年以後香港房地產業衰退的衝擊。一九九七年在房地產業的巔峰時期，長江實業將所持有的長江基建股權的百分之七十點六六全部賣給和記黃埔，獲得五十五億六千八百萬港元現金，並發行二億五千四萬股普通股。透過這次股份發行，長江實業持有和記黃埔的權益增加了約百分之三點六。

李嘉誠在經濟危機時，充分利用和記黃埔這個賺錢的利器，在長江實業與和記黃埔的買賣間，巧妙地完成了資本的轉換。

行動指南

企業經營者要有整體戰略思路，多元互補，如此，當一個環節出現弱勢時，其他的環節可以

補充，永遠是一個整體，此消彼長就是這個道理。

第2週 Tue.

在恰當的時機出售資產

我們歷來只做長線投資。如果出售一部分業務可以改善策略地位，我們會考慮。

——二〇〇一年，接受美國《財星》雜誌採訪

背景分析

李嘉誠一向以能恰當地選擇時機出售資產而聞名，這點可以從他對和記黃埔的經營中看到。和記黃埔的資金流不是獨自管理的，而是由總部統一管理，如果當年資金流告急，和記黃埔就會及時瘦身，比如出售部分投資專案或資產，以填補資金空缺。典型的例子就是在一九九七年亞洲金融危機的衝擊下，和記黃埔當即出售了寶潔（Procter & Gamble Co.，台譯寶僑）和記的部分股權，由此獲得特殊溢利四十七億多港元。一九九七年和一九九八年，和記黃埔又分兩次全部出售了其所持有的亞洲衛星通信股份，增加特殊溢利二十一億港元。一九九八年，和記黃埔將百分之

十的和記西港碼頭的股權出售給馬士基集團[4]，一次性獲得四億港元收益。

這種瘦身術對緩解企業經濟困難有至關重要的作用。透過這些手段，和記黃埔一九九七年的淨利潤較一九九六年增長了百分之二點零五。據和記黃埔財務統計，如果沒有以上幾宗資產出售的交易，和記黃埔一九九七年的淨利潤會比一九九六年下滑百分之二十二點四五，而一九九八年較一九九七年下滑百分率將會高達百分之六十五點零二。李嘉誠往往有這種先見之明，如果出售部分業務能緩解企業壓力，他是會考慮這種方式的。經典的例子就是一九九九年和記黃埔憑藉出售從事歐洲移動電信業務的Orange，獲得一千一百八十億港元的巨額利潤，此舉堪稱扭轉乾坤，和記黃埔很快地從一九九七年的泥淖之中迅速脫身，企業產生了根本性的轉變。

行動指南

當業績出現波動，或許出售一部分資產就能穩定局面。

第2週 Wed.

高潮合作，低潮獨立

在衰退期間，我們總會大量投資。我們主要的衡量標準是，從長遠角度看該項資產是否有贏利潛力，而不是該項資產當時是否便宜，或者是否有人對它感興趣。

——二〇〇一年，接受美國《財星》雜誌採訪

背景分析

一九九七年亞洲金融危機來臨之前，長江實業的主要合作對象大都是「有地無錢」的公司，長江實業和他們共同開發這些土地，具體利潤分配則透過相關的協議約定。這麼做可說是一舉兩得，長江實業的參與並不需要自己付出大筆資金來購買土地，卻能分享到土地市場的利潤。在整個合作過程中，長江實業和合作者按照權益記帳法做帳，意即長江實業只和合作者分攤他們的損益，自己的財務並不和對方合併。李嘉誠這樣做的目的就是，即便合作者為了博取利潤而運用較高的財務槓桿，也不會給長江實業自身的財務帶來風險。這種作法也正是李嘉誠一貫提倡的「有錢大家賺」的經營理念。

李嘉誠一貫的投資習慣，是在經濟不景氣時投資別人不看好的專案，只要這個投資有長遠的贏利潛力，他就會在經濟低谷期將它拿下。典型的例子就是在一九九七年亞洲金融危機期間，香港房地產市場極度低迷，很多房地產商都抱持觀望態度，李嘉誠即以二十八億九千三百萬港元的價格，拿下了一塊價值四十億港元的土地。

❹馬士基集團（A.P. Møller-Mærsk Gruppen），台譯快桅集團，為丹麥的跨國運輸暨能源企業，是全球最大貨櫃船供應商。

行動指南

當市場處於白熱化的時候就要學會合作，形成共贏；當市場處於孤寂時就應該獨立經營，畢竟此時沒有競爭。

第2週 Thu.

借利空以個人資產換股

樂觀者在災禍中看到機會，悲觀者在機會中看到災禍。

——《李嘉誠經典名言語錄》

背景分析

李嘉誠善於在危機中把握機會。二〇〇〇年，香港房地產業正處於蕭條期，五月十七日，摩根史坦利宣布將長江實業剔除出MSCI指數❺，從而引發了市場的拋售。為了緩解這種不利局面，長江實業當日宣布：準備購入旭日灣物業的股份，該物業是李嘉誠在新加坡的私人資產。一旦此項交易順利進行，李嘉誠將增持一千八百六十萬新股，也就是說，李嘉誠個人的持股量將從百分之三十四點九升至百分之三十五點八。據投資銀行分析，長江實業收購旭日灣的價格，要比旭日灣本身的實際價值至少高出百分之十至十五，這項消息選在這一天公布，顯然是為了穩定長江實業在股市中的地位。

李嘉誠此舉正所謂一箭雙鵰，一方面不但穩定了長江實業在股市中的地位，更為關鍵的是，他本人持股量突破了百分之三十五的全面收購觸發點。根據香港的《公司收購及合併守則》❻的規定，如果某一股東的持股量超過了百分之三十五，那麼該股東就可以向全體股東發出全面收購要約。

根據香港市場多年的慣例，用資產換股的方式很受香港證監會支持，而如果從二級市場收購則很難獲批。李嘉誠很熟悉這種以資產換股的特點，所以不費吹灰之力就獲得證監會的批准。此外，如果換股一旦成功獲批，他還能享有另一權利：根據香港證監會的相關規定，股東持股量一旦超過百分之三十五，則有權在每十二個月內購買不超過百分之五的已流通股份，直至達到百分之五十。因此，換股對李嘉誠來說是有百利而無一害的好事，充分體現了他善於在困境中把握機會，從而扭轉不利局面的能力。

❺ＭＳＣＩ指數（Morgan Stanley Capital International），即摩根史坦利公司所編製的證券指數，依股價、漲幅和稅後盈餘數值為評估基準，是全球股市投資的重要依據。

❻《公司收購及合併守則》是香港立法局於一九八六年頒布的法令，針對收購公司股票及控制權等商業行為的明文規定。

行動指南

把握每一個機會，然後對症下藥。

第2週 Fri.

低谷時期，增租補售

現雖面對經濟放緩之環境，（長江實業）穩健中仍不忘發展，爭取每個投資機會，繼續拓展其多元化業務。

——〈李嘉誠如何過冬〉

背景分析

亞洲的金融危機為長江實業改變贏利模式提供了機會。二〇〇八年爆發了金融危機，在這之前，香港地產商風險管理模式向來都是「地產開發加上地產投資（物業出租）」，長江實業也是如此。

在一九九七年的長江實業年報中，李嘉誠表示，雖然面對經濟危機，但長江實業仍要在穩健中保持發展，爭取每個投資機會，多元化發展業務。一九九八年，長江實業就轉變了投資策略，眾所周知，長江實業的主力是投資住宅，如今則轉向了出租物業。這種巨大的轉變在別人來看是大忌，但李嘉誠卻認為及時改變風向，能避開危機的衝擊。果不其然，長江實業當年就獲得了非凡的業績，一九九八年的固定資產比一九九七年猛增百分之四百二十三，「超人」果然有超人的智慧。李嘉誠認為，雖然當時物業市場正處於調整期，但較住宅市場而言，物業的需求相對穩定，發展物業可以獲得穩定的租金收益。

此外，在亞洲金融危機後，長江實業還退出了基建業務，開始發展酒店的套房服務業務，從而提供了穩定的財務收益。此時，長江實業的物業銷售已大幅減少，取而代之的物業租賃和酒店的套房服務業務分別上升到百分之十六點四一和百分之七點二七。這種增持出租物業的作法，在很大程度上降低了物業銷售不穩定所帶來的壓力。

行動指南

抓住競爭者減少的機會，將成為大贏家。

先增持再派息

由於已有充足的準備，故能胸有成竹，當機會來臨時自能迅速把握，一擊即中。

——二〇〇七年十二月，於《商業周刊》擔任客座總編輯，談成功四講

背景分析

二〇〇七年二月，李嘉誠旗下的和記電訊國際出售了和記埃薩❼的股份，一次便獲得了六百九十三億四千三百萬港元的收益，很多人都認為和記黃埔會將這筆資金用於併購，因為「先增持後回購」是不少上市公司及其高管的生財之道。然而，李嘉誠的作法卻超乎常人想像。

二〇〇八年十月二十日，和記黃埔宣布增加七百九十四萬六千股和記電訊國際的股份。隨後，李嘉誠本人也在二十一日和二十四日大量增持和記電訊國際股份，如此一來，李嘉誠、長江實業及和記黃埔持有的和記電訊國際的股份由百分之六十六點八七增加到百分之六十七點零三。增持順利進行之後，和記黃埔一反常規，於十一月十二日發布公告，宣布每股派息七港元，出乎了市場預期，很多投資者因此信心十足。連續幾次的增持，使李嘉誠成為最大的贏家。李嘉誠本人及其旗下企業在派息前大量增持股權，因此獲取了三十二億二千四百萬港元股息，同時，李嘉誠在二十天不到的時間內就獲得一億四千一百六十萬港元的股息。

行動指南

正確的策略將迎來滿堂彩。

第3週 Tue.

積聚現金，等待新機會

除非出現不利的法規或市場變化，預計3G項目到二〇〇八年下半年將獲得贏利，二〇〇九年全年將取得贏利，屆時和記黃埔的負債情況將大大緩解。

——〈李嘉誠如何過冬〉

背景分析

美國次貸危機爆發之前，李嘉誠就已採取靜觀其變的態度，積聚大量現金以備投資之用。二

❼ 和記埃薩（Hutchison Essar），印度第四大行動電話商。

○○七年以及二○○八年上半年，和記黃埔大幅減少對外投資，目的就是提高現存資產的贏利能力。舉例來說，和記黃埔港口部門的收購力度明顯減弱，尤其在二○○七年之後，和記黃埔取消了一切收購行動，且在房地產方面也是如此。二○○○年，和記黃埔土地收購主要集中在上海浦東、武漢以及重慶一些重點區域，其他在中國收購土地的活動基本上都是停止的。

李嘉誠控制投資規模的目的便是囤積大量現金，一旦有合適的機會，就有備而戰，如此在經濟危機爆發後，一旦遇到資產大幅貶值的絕好投資機會，就可以馬上出手，獲得巨大利潤。

行動指南

當危機來臨時要採取必要措施，此時應該積聚現金，等待下一個投資機會。

第3週 Wed.

廣泛試水，控制風險

李嘉誠一向對革命性及創新性的科技專案感興趣。

——李嘉誠基金會發言人對他的投資方式的評價

背景分析

李嘉誠投資的領域廣泛，而且善於投資新的領域，這是他投資的一大特色，其中革命性及創新性科技專案是他的投資方向之一。二〇〇七年十二月，李嘉誠投資了美國著名的社交網站臉書（Facebook）六千萬美元，從而擁有該網站百分之零點四的股權。二〇〇七年美國次貸危機爆發前夕，李嘉誠與國際著名風險投資機構紅杉資本（Sequoia Capital）合作，向全球首個提供高清網上電視服務的Joost網站注資約四千五百萬美元，以加快其產品的開發速度，並開拓此專案的全球市場。

李嘉誠還曾在中藥行業進行了投資。一九九八年，他與香港新世界集團聯手打造香港「中藥港」。二〇〇〇年，和記黃埔成為北京同仁堂科技第二大股東；二〇〇三年十二月，和記黃埔又與同仁堂共同成立了北京同仁堂和記醫藥投資有限公司，同仁堂與和記黃埔各占有百分之四十九的股份。

從李嘉誠的投資項目中可以看出，他主要是透過與行業中的龍頭企業合作，以共同控制的方式進行投資，或以個人名義進行少量投資。

這種投資方式既可以分享該公司的利潤收入，又可以控制因該公司出現問題而導致長和系財務出現問題的風險。

行動指南

廣泛合作，既可以分享利益，還可避免財務風險。

第3週 Thu.

高估低買，增減有道

高拋低吸。貿易是賺空間的差價；股票是賺時間的差價。最難在低吸，需要兩點素質：一是一定的專業水準，知道什麼是低什麼是高，另外就是需要「以中長線的心態買入」。

——《李嘉誠投資語錄》

背景分析

高估低買是李嘉誠善於運用的投資策略，他也因此而經常贏利。自二〇〇七年起，李嘉誠每逢重大媒體發布會，他都提醒投資者要謹慎小心，同時，對自己的投資策略也會及時調整。二〇〇七年九至十二月，李嘉誠多次減持南方航空、中國遠洋、中海集運等股票的持有量，果然在他減持後不久，這三隻股票連遭滑鐵盧，李嘉誠因此避免了近百億港元的損失。

與此同時，在香港股市大幅下跌的過程中，李嘉誠對自己旗下的企業充滿信心，大量增持長和系股份，其間，長江實業的股價一路飆升。二〇〇七年年初，李嘉誠持有長江實業約八百七十五億港元的股份；七月，李嘉誠經過對長江實業股份的增持，總持有高達一千零二十二億港元，比二〇〇七年年初增值了一百四十七億港元。

行動指南

低進高出，兩頭賺錢。

第3週 Fri.

融資併購

必須要有足夠的靈活性，不停地根據形勢的變化而靈活變通，使經驗適合形勢，而不能反其道行之。

——《李嘉誠經商十戒》

背景分析

一九七〇年代，李嘉誠就注意到全世界興起的併購潮流，遂開始進行一系列融資、併購等重大財務策略調整，逐步實現資本的積累、企業規模的擴張，漸漸建立起一個國際性的商業集團。在這個過程中，李嘉誠先是購買了德國第三代通信技術3G的大量股票，接著取得巴拿馬運河航運的經營權，又大舉進入台灣媒體，隨後收購印度電信的股份……這一切融資、併購的手段，充分說明李嘉誠已經把企業併購作為公司發展的重要目標，非常具有預見性。

當今，併購之火仍在全球蔓延。企業併購首要考慮的因素，不僅僅是企業規模、市盈率、領導人的價值實現，還有所要併購的企業在未來經濟格局和市場競爭中的策略地位。李嘉誠對併購認識深入，為了併購計畫的順利實施，往往可以犧牲自己的利益來換取整體的利益，甚至屈尊自己，加盟強者。李嘉誠的併購是科學的，代表著併購觀念的跨越與進步，更預示著李氏集團將在以後的發展過程中取得更加輝煌的成績。

行動指南

順應時代的熱潮，緊跟時代的脈搏，發展自己的事業。

第4週 Mon.

及時叫停

和記黃埔財務政策一直非常保守，只要離安全線（杯邊）有一半的距離，我便會叫停！

——二〇〇二年，就和記黃埔財務風險回應香港證券界人士

背景分析

衡量一家企業償債能力的重要指標是資本負債率，這個比率愈低說明公司的償債能力愈強，反之則愈弱。但是在二〇〇一年，經濟形勢一片大好，和記黃埔淨借貸額同比增加了百分之十八，為一億四千六百九十九萬二千港元。如此巨大的數字，據香港證券界人士分析，已比和記黃埔持有的現金和有價證券的總和還高，預示著和記黃埔的財務有可能面臨一場風險。但李嘉誠不以為然，他說，和記黃埔的財務一向保守，就如一杯水，當水位離杯子的安全線還有一半的距離時，他就會叫停。他認為這種高額借款高於現金流及資產的數目，並不會影響和記黃埔的償債能力，和記黃埔擁有足夠的資金應付這些短期債務。

到了二〇〇八年，金融風暴把全球經濟推入低谷，而在此之前，和記黃埔已經暫停全球業務的新投資，把那些所有未進行的開支都節省了下來。據不完全統計，和記黃埔當時持有二百二十一億美元的資產，其中有百分之六十九是現金，其餘的百分之三十一則主要投資在最穩定的政府債券上。李嘉誠對待債務的不同態度，展現出他的獨到眼光以及穩健的財務政策。

行動指南

堅持穩健性原則，減少財務風險並提高資產品質。

第4週 Tue.

照顧小股東利益

照顧小股東利益，就容易成功，反之，就容易失敗。

——《李嘉誠語錄》

背景分析

從一九八四年起，李嘉誠對旗下的公司進行過三次私有化。所謂私有化，是指改變原有上市公司的公眾性質，使之成為私有公司。

一九八四年十月，李嘉誠進行了第一次私有化的嘗試，他選擇國際城市有限公司❽作為第一站。接到這一消息，小股東紛紛表示十分願意接受收購。一九八八年十月，長江實業宣布將青洲英坭進行私有化，當時的青洲英坭市價是每股十七點七港元，李嘉誠以溢價百分之十三的收購價收購小股東的股票，此次收購同樣進展得很順利。

李嘉誠第三次私有化針對的是嘉宏國際，但這次收購並不像前兩次那麼順利，先是在小股東不足四分之一的支持下以失敗告終。據證券界人士分析，李嘉誠此次收購失敗，主要是「收購價太低，還有就是對嘉宏的評估有所不符」。一九九二年七月十日，李嘉誠在嘉宏股東會議上再次提出私有化建議，收購價格比上次提高了百分之三十六點六二。在如此優惠的收購條件下，計畫順利透過了。這次對嘉宏的收購，李嘉誠雖然動用了大量資金，但比資產淨值每股六點四至六點五港元的水準，還是有利潤可得的。這次收購成功的主要原因是李嘉誠採取了兩頭兼顧的方式，既保全了大股東的利益，對小股東的利益也兼顧到了。只有對大家都有益的事，才會獲得多數人的支持。

行動指南

要照顧大多數人的利益，否則會引起基層的不滿。記住，水可載舟，亦可覆舟。

❽國際城市有限公司（Urban Design International Co. Ltd.，簡稱UDI），專事城市規畫和建築設計。

掌握必要的財務知識

對我而言，管理人員對會計知識的把持和尊重、對正現金流以及公司預算的控制，是最基本的元素。

——二〇〇四年六月二十八日，於汕頭大學「與大師同行」系列講座上的談話

背景分析

二〇〇四年六月，李嘉誠出席汕頭大學舉辦的系列講座時，有一段令學員們難忘的話，他說：「我沒有同學們幸運，能夠在商學院聆聽教授指導，我年輕的時候，最喜歡翻閱的是上市公司的年度報告書。雖然那些報告上面都是讓人一看就頭暈的數字，讀起來更是讓人煩悶，但仔細分析，就會發現那些公司在會計處理方法上的優點和弊端。」李嘉誠認為，要想成為優秀的企業管理者，了解常用的財務知識是非常必要的。但現實中很少有企業領導者會主動學習財務知識，他們以為財務是很簡單的事，不過就是一進一出。很多企業家不願去讀財務報表，原因是裡面有很多讓人一見就頭疼的資料，還有很多看不懂的術語。事實上，要清楚掌握公司的財務狀況，加強企業家的財務觀念，是十分必要的。

行動指南

一切失敗都和無知有關，企業家要成功，首先要增加財務知識和提高財務意識，如果你不具備這種知識，且沒有學習的意願，那麼，它將成為你成功的障礙。

第4週 Thu.

預算管理

我們會依賴理性的分析和穩健的財務，事先都會制訂出詳盡的預算。我自己對公司每一項業務的細節瞭若指掌，甚至包括一些高科技產業的技術參數。

——《集團管控之財務管控》

背景分析

二〇〇〇年，李嘉誠開始布局3G業務；同年四月，他買下英國的3G牌照；八月，他又參與競投德國市場。當時正值全球科網熱潮，很多投資者無不對3G牌照表現出極大關注。但是李嘉誠對此十分冷靜，他十分理性，對3G未來可能出現的各種情況都考慮到了。如果3G業務不成功，會給公司造成什麼影響？公司的現金流能否良性周轉？甚至對和記黃埔未來的命運，他都心中有數。基於此，他給德國的牌照確定了價格底線。

然而，火熱的市場讓競投標價大大超出了李嘉誠的預算。為了能拿下3G牌照，合作夥伴極力勸說和記黃埔將競標預算提高，但這遭到李嘉誠斷然拒絕，並要求合作夥伴出具一份書面保證：如果費用超出預算，和記黃埔將有權退出此次合作。後來，李嘉誠的合作夥伴最終以八十三億九千萬歐元的高價購得3G牌照，遠遠超出和記黃埔的預算，李嘉誠當即宣布退出。這件事在當時的影響非常大，有人認為既然符合資本市場的需要，這項投資應該沒錯。面對失去理性的市場投標，李嘉誠依然堅持自己的原則，並果斷宣布退出，把股權以成本價出讓給合作夥伴。3G後來的發展並不像多數人想像中的順利，便充分證明了李嘉誠堅持自己觀點的正確性。

行動指南

未雨綢繆，決策者就要有這種眼光，不能感性地做決斷，一旦超出預算目標，再誘惑的投資也應該停止。

李氏管控法

風險是生意人必須面對的問題。生意人從事的工作就是冒風險的工作。生意人既要有降低風險的能力，又要有敢於承擔風險的意識和勇氣。

——《李嘉誠談：做人、做事、做生意》

背景分析

和記黃埔集團是李嘉誠旗下的海外業務旗艦，發展至今，和黃的業務已涉及地產、酒店、證券投資、貨櫃碼頭、零售及製造、基建、通訊、能源和建材等諸多行業，和其有業務往來關係的至少有二十四個國家和地區，在職員工人數高達十萬人。

如此巨無霸的商業帝國，李嘉誠是如何管理的呢？用李嘉誠的話說，他凌駕於這個帝國之上的終極祕笈，就是他高效的財務管控策略，尤其是在資金的管控上。的確，李嘉誠的財務管控是出了名的，許多大型企業集團都紛紛效仿他的財務手段。在業界，他的財務管控策略被暱稱為「李氏管控法」。

目前，李氏管控法已是行業界的標竿，它是衡量一個大型企業集團財務是否穩健的主要指標。這項以財務管控為主的管控模式，說穿了很簡單，主要就是以財務指標對成員企業進行管理和考核的一種方法。總部不考慮子公司的具體運作，只關注投資回報，透過投資優化來實現集團企業利潤最大化。李氏管控法的主要手段為財務控制、法人治理和企業併購等行為，屬於典型的分權管控類型。

具體操作上，一是重視集團企業的現金流。現金流是一個企業的晴雨錶，能比較直觀地反映出企業的運營狀況，因此，集團企業對成員單位的銀行帳戶實行監督管理，及時發現財務風險，比如在金融危機中，一旦察覺成員單位私自在銀行開戶截留現金的問題，集團企業將進行嚴格的跟蹤監控，以對現金的流向軌跡有清晰的脈絡。為了避免上述情況的發生，集團企業對所屬控股成員單位的銀行帳戶實行集中統一管理。

第二個管控是，對成員單位的貸款及籌資進行強化管理，以使集團企業的總體貸款及籌資規模維持在一定的水準以上。成員單位要想獲得貸款，必須事先報總部核准，否則一概不放貸。集團企業對現金流進行預測，並在此基礎上研究分析資金來源和構成方式，然後根據研究所得資料選擇最佳籌資方式及組合。如果資金是在集團內部籌得的，還應提高資金的使用效率，以使集團內部資金得以有償使用。

由此，我們可看出李氏管控法的核心是資金管控，透過對資金實行有效的管控，從而保證集團每個子公司的順暢運行。

行動指南

資金管控至少可以為集團企業帶來如下價值：第一，提高企業業績；第二，降低企業成本；第三，更好地管控風險。

Nov.
十一月

危機與風險

樹大招風，保持低調；做事要留有餘地，不把事情做絕。

第1週
Mon.

先花百分之九十的時間想失敗

任何事業均要考量自己的能力才能平衡風險，一帆風順是不可能的，過去我在經營事業上曾遇到不少政治、經濟方面的起伏。我常常記著世上並無常勝將軍，所以在風平浪靜之時，好好計畫未來，仔細研究可能出現的意外及解決辦法。

——二〇〇八年十一月二十一日，接受《商業周刊》採訪

背景分析

二〇〇八年十一月二十一日，《商業周刊》雜誌對李嘉誠進行了一次特別的採訪，李嘉誠毫無保留地向所有人公布了他多年經商的心得——花百分之九十的時間考慮失敗。李嘉誠認為，經商就像是軍隊的統帥，必須考慮退路，任何事業都要量力而行，在市場繁榮的時候要看到潛在的危機，以及研究出當它來臨時如何應對的措施，這樣才能平衡風險。在外人看來，長江集團五十年來，總是在危機之時異軍突起。如一九六〇年代後期，李嘉誠在塑膠花行業即將沒落的時候轉入房地產；在一九八九年政治疑雲重重的情況下，他前後投資上海和深圳港口生意。事實上，在這些決定作出之前，李嘉誠都經過了精細嚴謹的調查研究。

李嘉誠稱自己做事比較小心，很多人一時春風得意，一步走錯就變為窮光蛋，而他則是小心為上，步步為營。

行動指南

創業路上，一帆風順者很少，創業之路總是充滿坎坷、布滿荊棘。要想走得遠，就得先考慮失敗，想好應對失敗的方法，如此才能在失意時保持冷靜、從容應對。

第1週 Tue.

審慎

關鍵在於要做足準備、量力而為、平衡風險。我常說「審慎」也是一門藝術，是能夠把握適當的時間作出迅速的決定，但是這不是議而不決、停滯不前的藉口。

——二〇〇八年十一月二十一日，接受《商業周刊》採訪

背景分析

經營企業就是在經營風險，經營者只有妥善地避免風險，才能給企業鋪就一條康莊大道，讓企業一路凱歌。

但如何避免風險呢？關鍵就在於審慎。不能靠拍拍腦袋就迅速做出決定，一定要權衡利弊，正確地評估風險。磨刀不誤砍柴工，花點時間審慎行事是很有必要的。但這並不代表優柔寡斷，議而不決。現實生活中，有很多名人一夜之間就變為窮光蛋，究其原因，都是缺乏足夠的判斷力以致倉促出擊，最終折戟沉沙。對李嘉誠來說，謹慎是一種習慣，他向來做事十分穩健，不求快，總是步步為營。

李嘉誠年少時曾經在茶館裡當跑堂。有一天，他不小心把開水灑在地上，濺溼了客人的衣褲。李嘉誠很害怕客人會發怒，但出乎意料的是，那位客人非但沒有責怪他，反而極力在老闆面前為他講情，要求老闆不要開除他。這位客人叮囑李嘉誠做什麼事都必須謹慎，做事不集中精力是不行的。在以後的歲月中，李嘉誠便把「謹慎」當成自己的人生信條，對他的事業發展起到了很大的作用。

行動指南

審慎並非思前顧後，裹足不前，相反地，它是對「度」的一種把握，能在最恰當的時候做出最合適的決策。

靈活掌握市場動向

風險與機遇並存。

——李嘉誠給年輕商人的九十八條忠告

背景分析

李嘉誠的財富故事人盡皆知，他往往能在每一次金融危機或經濟衰退中避其鋒芒，體現出高人一籌的創富力。李嘉誠帶領的長和系不但沒有在經濟危急中受創，反而愈戰愈勇，不斷壯大，他個人的財富金字塔也愈疊愈高。一九九九年亞洲金融危機結束後，李嘉誠首次坐上香港首富的頭把交椅。

一九九七年第四季，亞洲金融風暴來得如此突然，香港經濟和房產市場瞬間急轉直下，銀行隨即緊閉貸款的大門，股市狂洩，投資環境和消費意願一跌再跌。就在這樣全港皆悲的大環境下，長江實業避開了風口浪尖，據他們的對外公告，長江實業第四季發售的鹿茵山莊❶、聽濤雅苑二期項目，在淡市中挺了過來，而且取得了較理想的銷售業績，聽濤雅苑二期更是喜報頻傳，比此前獲得高出三倍的超額認購。當別人還處在埋怨、悲觀的情緒之中，李嘉誠已在逆勢中獲得

❶鹿茵山莊是位於香港新界大埔滘的住宅區，一九九八年銷售時曾賣出每平方英尺逾萬港元的價格。

了財富，面對大好情勢，他坦言，正是因為長江實業靈活掌握市場動向，才能夠免於金融危機的衝擊。

李嘉誠的這個策略用通俗的話來說，就是跟隨市場動向，降價銷售。一九九七年十月股災漸近尾聲，長江實業抓住這個契機開發了鹿茵山莊，但第一次開售就遭閉門羹。正如李嘉誠所言，不能因噎廢食。長江實業決定推遲四天再售，並打出減價兩成的促銷廣告。這下李嘉誠算是開了降價的先河，一時間，香港大埔區的樓價在他的降價風波影響下迅速下跌了百分之七，就連元朗、上水等鄰區的大樓也不得不跟著李嘉誠的「看不見的手」降價。鹿茵山莊的銷售初戰告捷，然後，長江實業又對聽濤雅苑二期項目大刀闊斧，以平均每平方英尺五千一百八十一港元的超低價開盤，個別大樓甚至降到了四千七百港元以下，這在香港來說是市場之震撼價。與此同時，長江實業還配以各種優惠措施來促銷、助威，而「百分之一百一十信心計畫付款方法」就是很有誘惑力的一句承諾。

美國紐約國際金融服務公司摩根史坦利的分析報告指出，李嘉誠在這個時候採用的策略是正確的。事實也證明，香港房地產自一九九七年六月以後就一再下跌，李嘉誠以智者的眼光盡早抽身，在經濟危機還沒來之前便置身事外，不得不讓人佩服「李超人」應對危機的睿智。

行動指南

在危機來臨之時，企業要懂得一個法則，那就是利用環境、順勢而為。要想不被危機衝垮，就得時刻提高對環境的敏感性，迅速感知經濟、技術等因素將要發生的重大變化，且要做到見微知著，及早做出反應。

第1週 Thu.

洞悉危機所在

人生就像跑步，需要不斷學習、磨練，才能跑得穩、跑得好。也唯有不間歇地跑，才能遙遙領先他人，捷足先登。要不停地吸收新知識，留意世界經濟和政治形勢，甚至要跑在世界之前。

——《李嘉誠經商十戒》

背景分析

李嘉誠的與眾不同之處在於，他可以在一項業務的極盛時期洞悉其存在的危機，然後迅速作出決定和部署。

當年，塑膠花行業在香港炙手可熱，大有帶動香港工業起飛之勢。然而「塑膠花大王」李嘉誠卻退出此行業，轉向房地產，因為他分析出這個行業前景有限，房地產市場卻大有前途。果不出其所料，在緊接而來的房地產高潮中，李嘉誠獲得了可觀的回報，華人首富的桂冠也終於落在他的頭上。但李嘉誠並沒有貪圖安逸，居安思危是他一貫的作風。一九九七年，他把手上的物業逐一出手，然後把資金投入到其他業務領域，比如電信、服務、零售等。後來香港出現了金融風暴，房價一跌再跌，房地產變得蕭條，而此時的李嘉誠已轉向其他行業，房市受挫對他幾乎沒有構成任何影響。

在以後的經營中，李嘉誠把更多的資金轉向發展高科技專案和電信業務，並把觸角伸向了海外，在加拿大投資石油，在英國投資貨櫃，在巴拿馬投資運河港口……李嘉誠的策略就是要躲開與危機的正面碰撞。

在後來數十年的經商過程中，他不斷地調整企業營運的船頭，並且使自己的航船變得更加地堅固和龐大。

行動指南

老子《道德經》云：「禍兮福之所倚，福兮禍之所伏。」當一項業務發展到完全成熟時，要看到其背後的隱患，並且應該要馬上做出決斷，而不是盲目地跟進，那樣只能把辛勤開拓的事業毀於一旦。

做事低調

樹大招風，保持低調；做事要留有餘地，不把事情做絕。

——《李嘉誠給青年人的成功啟示錄》

背景分析

一九九三年八月，李嘉誠的次子李澤楷不願接受父親為自己的安排——出任和記黃埔集團的董事，他毅然決然地選擇獨立創業的道路。李嘉誠對於兒子的自立門戶表示支持，同時，他還送給兒子兩句忠告：第一句是樹大招風，凡事保持低調；第二句是凡事要留有餘地，切忌把事情做絕。

李嘉誠教子是很嚴格的，在兩個兒子還很小的時候，他就給他們立下了為人處世的規矩，凡事低調，不可大肆張揚。他這種教子方式無非是想給孩子們提供一個清靜的生活環境，有利於心理健康發展。當然李嘉誠也不是那麼刻板，他會選擇合適的場合，讓孩子們在眾人面前嶄露頭角，對培養他們的自信心有很大的好處。比如一九九〇年，長江實業集團的一棟大樓計畫預售，集團公關經過精心安排，在徵得李嘉誠的允許後，讓行事低調、時任執行董事長的李澤鉅接受媒體的採訪。

行動指南

低調做人，高調做事，是境界，是藝術，更是一種為人處世的哲學！

第2週 Mon.

眼光與危機

經商之道，要居安思危，要洞悉社會動態。沒有一樣事情會無止境的好，同樣道理，沒有一個行業會一直好下去。

——《李嘉誠經商十戒》

背景分析

二〇〇八年上半年，和記黃埔主營的港口碼頭業務首次遭遇滑鐵盧，和二〇〇七年中期的業績相比下跌了百分之六十三。自二〇〇二年以來，和記黃埔一直贏利不斷，如今卻一滑再滑，形勢極為嚴峻。港口碼頭雖然慘澹，但一九八六年李嘉誠收購的赫斯基能源公司成了二〇〇八年和記黃埔最賺錢的一個產業，從而幫助和記黃埔度過這次危機。

當時油價一路飆升，赫斯基能源在二〇〇八年上半年贏利八十五點四億港元，這無疑是一個利多消息。當年李嘉誠收購的股份時，它還是一個入不敷出的虧損公司。在李嘉誠收購赫斯基能源的七、八年之間，還有人評頭論足說李嘉誠做了一次虧損買賣。然而世事難料，就在和記黃埔一路下滑的情況下，赫斯基卻成了和記黃埔最大的獲利點，讓人不得不佩服李嘉誠超乎常人的獨到眼光。

行動指南

危機在一定程度上是企業家缺乏眼光造成的。很多時候，人們看到的是眼前的大好形勢，對以後將會發生什麼事卻不聞不問。

要想在危機中不被擊退，就應該練就有遠見的眼光。

第2週 Tue.

勇對逆境

在身處逆境的時候，你要問自己是否做好了足夠的準備。當我身處逆境的時候，我認為我的準備是足夠的！因為我勤奮、節儉、有毅力，我肯求知識及肯建立信譽。

——李嘉誠給年輕商人的九十八條忠告

背景分析

李嘉誠是個危機感很強的人，在企業經營良好時，他總是設想可能出現的種種危機，然後經過周密的思考，找到最好的解決辦法。為了能敏銳地把握全球經濟動態，李嘉誠習慣每天早晨閱讀當日的全球新聞，從中挑選出自己能完整閱讀的欄目，然後再由專員翻譯。這些資訊是李嘉誠每天必看的，而且還是啟發他思考的來源。倘若看到一些未來可能會出現的危機，他就設想假如危機現在就來了，企業該如何應付，從而找到未雨綢繆的措施。正因為他這種居安思危的意識，所以每次危機來臨時他都能應對自如，還可以把逆境變為機會。

行動指南

不要只看到好的一面，危機會突如其來地降臨。因此，在一片大好的形勢下，也要假想一些不好的事，警鐘長鳴。只有這樣，企業才能時刻保持高度的警惕，危機來臨時就不會措手不及。

第2週 Wed.

凡事先有準備

我凡事必有充分的準備，然後才去做，一直以來，做生意、處理事情都是如此。例如天文台說天氣很好，但我常常問我自己，如五分鐘後宣布有颱風，我會怎樣？在香港做生意，亦要有這種心理準備。

——李嘉誠給年輕商人的九十八條忠告

背景分析

李嘉誠做事的原則就是認真、投入。在李嘉誠進入地產界之初，他經常手持一塊碼錶，從車站等熱鬧的地方步行到自己準備購買的物業所在地，估算未來人流狀況。他把這稱為「盡職調查」。正由於事先充足的準備，當外界詢問時，他總能輕而易舉地給出事實或資料，並相信自己所說的「超過百分之九十都是對的」。

行動指南

準備好了，即使市場再惡劣，也能留下來。

第2週
Thu.

主動出擊

危急之中不能坐以待斃，而要主動出擊，這是經商的一條鐵的定律。企業要生存，難免會碰到許多危急時刻，這就要經營者能夠審時度勢，拿出一系列主動出擊的策略，想人之所不能想，做人之所不能做，在危急之中敢打敢拚，闖出另一番天地。

——《李嘉誠商道真經》

背景分析

危急之中要採取主動出擊的策略，切忌坐以待斃。李嘉誠在進軍北美市場的過程中就充分顯示出主動出擊的魄力。

當年，李嘉誠的長江塑膠廠在占領歐洲市場之後，他又把目光轉向了北美地區。李嘉誠首先在北美展開強大的宣傳策略，透過港府有關機構和民間商會查到北美各貿易公司的地址後，便逐一向這些公司發送精心設計的廣告冊。不久，果然有一家銷售網遍布美國、加拿大的貿易公司有意到香港實地考察。李嘉誠得到這一消息後，果斷拍板，一定要拚盡全力抓住這個大客商！他知道只有抓住這個大客商，才有可能進入北美市場。經過的一系列主動出擊，李嘉誠終於順利打開了北美的大門。

在現代市場上，只有好的產品是遠遠不夠的，還要最大限度地發揮個人的主動性，向市場發動攻勢，沒有市場也要創造市場。只有產品走向市場，被市場認可，才能保證產品的銷路。

行動指南

被動接受是迷路，主動出擊才是思路。

第2週 Fri.

泰然處之

我的坎坷經歷不少，辛酸往事亦一言難盡。我一直以來靠意志克服逆境，一般名利不會形成對內心的衝擊，我自有一套人生哲學對待。但樹大招風，每日面對困擾，亦夠煩惱。不過，我已明白不能避免，唯有學會泰然處之的方法。

——《李嘉誠：敢想敢幹的超人膽識》

背景分析

一九八二年九月二十二日，英國首相柴契爾夫人（Margaret Thatcher）來到北京，就香港前途問題與鄧小平進行會談。此消息一傳出，香港股市大幅動盪，持續滑落，兩個多月的時間，恒生指數跌幅達六百七十六點，香港市民爆發信心危機，有很多人開始辦理移民手續。一些早有外國護照的人，都先將一筆資產轉移到海外，以保障資金安全。李嘉誠對這件事的態度與其他人截然不同，面對大環境的驟變，他表現得非常沉穩，公開發表聲明，稱不會將家遷往海外，也不會將資產轉移海外，他對香港的前景充滿信心，同時也看好中國內地的改革開放形勢。日後，他的謹慎選擇再次證明了他的分析是正確的。

行動指南

當危機襲來時，不能消極地面對，那樣更容易失去信心，背上的包袱也將愈來愈重，最終成為危機的犧牲品；相反地，應保持積極的心態，則能從危機中窺得機遇，從而戰勝危機。

第3週
Mon.

盛極必衰，月盈必虧

危機四伏，切忌盲目冒進，一夜暴富的背後往往是一朝破產。

——《李嘉誠人生哲學書》

背景分析

經商的道路上充滿各種風險，每個人都猶如一葉扁舟搖曳在驚濤駭浪中，時刻都有翻船的可能。面對四面楚歌的緊急局勢，有的人會迎頭趕上，有的人則另闢蹊徑。這兩種作法無所謂對錯，都有可能獲得成功。而李嘉誠更傾向於後者。

當年，李嘉誠一躍成為香港知名的塑膠花大王，但他並沒有止步。他深知物極必反的道理，所以他經常思考這樣的問題：塑膠花年代還能持續多久？他分析到目前整個塑膠花行業已經在走下坡路，最後必將走向萎竭，競爭勢必日益殘酷。此外，愈來愈多的因素在向李嘉誠敲響警鐘。經過分析研究，李嘉誠決定把資金投向房地產業，而不是繼續用資金來強化塑膠花業的競爭力，讓其自興自衰，這樣即使塑膠花業不再景氣，自己也不會有太大損失。「盛極必衰，月盈必虧」，道家的辯證法，同樣也適用於商界。

行動指南

企業經營者必須對自己所從事行業的前景有著清醒的認識。企業的經營往往受非人力所能為的客觀因素影響。

如果缺少新思路，一切都將是重走老套；只有求變求新，才能讓自己踏上成功之道。

第3週
Tue.

以變應變

為了適應時代發展變化的需要，也為了企業自身的生存和發展，企業必須以市場為導向、以創新為手段、以效率為核心，重建企業形象。

——李嘉誠給年輕商人的九十八條忠告

背景分析

我們都知道，香港是個機動靈活、具備較強應變能力的城市，在多年的發展過程中，香港人適應了各種劇烈變化的環境，這種磨練，讓他們練就了機動、快速而敏銳的應變能力。從某種程度上來說，「以變應變」已經成為香港精神，它是香港人不斷衝破羈絆的法寶。因為，唯有靈活多變方能適應時代的發展，多變是創新的前提，更是生存的本能。

李嘉誠常年打拼在香港，香港的「多變」因素早已植入其骨子裡，一些在常人看似棘手的事情，他總能處理得有板有眼。早在一九九四年秋，李嘉誠興建的海怡半島社區❷開賣了。由於住宅品質好、信譽佳，看房者眾多，一派繁榮景象。但天有不測風雲，有幾個買家去參觀吉屋（香港稱空屋為吉屋，含吉祥之意）時，見偌大的屋裡燃有幾支白蠟燭，頓時嚇得魂飛魄散，奪門而出。原來香港人十分迷信，白蠟燭讓他們聯想起死人喪禮，覺得不祥。

此前還是車水馬龍，如今已是門可羅雀了。經過一番思考，李嘉誠決定以變應變，他想出一個絕佳的主意：他在社區的樓頂安裝了兩個巨大的鐳射發射器，到了晚上，整個屋頂便發出五彩繽紛、形態各異的鐳射光芒，蔚為壯觀。此外，他還改變了銷售策略，把開發的樓宇分割成兩大塊，一部分由公司的售樓處銷售，另一部分則由各大樓宇銷售代理商包銷。李嘉誠鼓勵良性競爭，這對淨化代理商之間的爭奪起到了不可小覷的作用。就這樣，李嘉誠以變應變，讓白蠟燭事件頓時消失得無影無蹤，銷售工作進行得如火如荼。

行動指南

以變應變，才能突破危機的束縛。

第3週 Wed.

借力打力

順勢而為，借力而動。

——李嘉誠談商業

❷海怡半島社區位於香港南區鴨脷洲、三面環海的大型社區住宅。

背景分析

二〇一三年十二月，李嘉誠旗下的和記黃埔集團旗下的屈臣氏分拆上市，市值高達二百五十億美元。據相關部門的權威資料顯示：二〇一二年屈臣氏銷售收入一百九十二億美元，二〇一三年上半年銷售收入九十七點六億美元，同比增長百分之四。除了如此輝煌的戰績之外，屈臣氏這家全球頂級的美容護理產品零售巨頭更是讓中國市場的角逐者難望其項背。據不完全統計，二〇一一年，屈臣氏在中國內地的店面突破一千家，二〇一三年，屈臣氏第一千五百家店在安徽隆重開業，這是一盤活棋，它覆蓋了一線城市到四線城市的各個角落。

如今，屈臣氏這個品牌家喻戶曉，但有誰知道，如此商界大鱷其創立者乃是一名外國人士。早在一八二八年，一位英國人在廣州做藥材生意，店鋪名曰「廣東大藥房」。十年之後，這家藥房遷到香港，但名稱做了變化，更名為「屈臣氏大藥房」。隨後，這家老牌企業在一九八一年被李嘉誠看中，把其收購為和記黃埔下麵的全資子公司。

被收購後的屈臣氏仍然保持著強勁的生命力，李嘉誠借力打力，隨即將業務擴展開來，涉及保健產品、美容產品、香水、化妝品、食品、飲品、電子產品、洋酒及機場零售業務等諸多項目。如今，屈臣氏在中國二百多個城市擁有超過一千家店鋪和三千萬名會員，是中國目前最大的保健及美容產品零售連鎖店。在品質和創新方面，屈臣氏也秉承了老品牌的精髓，建立了極好的聲譽，為顧客奉上舒適的購物環境，深得顧客信賴。

行動指南

經營企業，猶如太極推手，高手能順勢借力，周旋自如；低手則枉用力氣，處處受制，非但無以前進，稍有不慎還滅頂之災。

第3週 Thu.

安靜則治，暴疾則亂

身處在瞬息萬變的社會中，應該求創新，加強能力，居安思危，無論你發展得多好，時刻都要做好準備。

——李嘉誠給年輕商人的九十八條忠告

背景分析

面對危機，最重要的是要保持沉著冷靜，處變不驚。古人說「安靜則治，暴疾則亂」，如果心裡先慌了，那麼行動必然會亂。只有冷靜沉著，才有可能思考出對策，轉危為安。

地處北京王府井的東方廣場是一個宏偉龐大的建案，但建設過程中，遇到出人意料的麻煩，專案幾番起落，差點兒胎死腹中。李嘉誠起初計畫把東方廣場建設成建築面積十四萬平方公尺，樓高八十多公尺的連體建築，但這個提案遭到很多質疑。最初是在一九九三年，因經濟發展過熱，中國政府決定加強宏觀調控，壓縮基礎建設規模，而東方廣場的高度和面積均被認為超出標準，這意味著要談妥這一項目，將異常艱難。面臨此境，不大善於談判的合作夥伴郭鶴年知難而退，留下李嘉誠孤身應對。然而，該專案在一九九三年間就全部獲得北京市政府的批准，為了符合北京市的規畫要求，東方廣場不得已修改了設計方案，將整個建築高度降低百分之三十，分建成十一座不相連的建築物。

東方廣場建成後，建築高度為七十多公尺，占地面積十點一萬平方公尺，這比當初要少許多，但能達成這一妥協性的協定，已是很不容易。此外，東方廣場在建設期間還經歷一系列風浪，工程建設過程起伏變幻，各種猜測和傳言綿延不絕。李嘉誠冷靜應對，並未被這種種困難所嚇倒。他頂住了各方壓力，最終平穩度過了一波波危機。他以出色的危機管理藝術讓東方廣場「劫」後餘生，最終落成，成為千年古都的標誌性建築。

行動指南

臨危不亂，沉著應對，否則就會被外界干擾，很難對事態做出恰如其分的分析。

科學決策有助減少風險

當企業愈來愈壯大，投資經營的難度也會隨之增加，所以，作為企業管理者就要善於總結他人的經驗。

——《李嘉誠經商智慧全書》

背景分析

李嘉誠指出，隨著企業的規模不斷壯大，投資經營的難度也會增大，所以，作為企業管理者就要善於總結他人的經驗。他認為，科學決策有助於減少企業風險。那麼該如何規避風險呢？李嘉誠給出了三點建議：第一，由於經濟的變化很突然，作為企業家就應該在經濟繁榮時不過於樂觀或盲目地擴大投資；第二，企業家應該有足夠的風險管理和危機管理意識，唯有如此，在遇到突然而來的危機或政治經濟等衝擊時，企業才有能力自保；第三，在投資外地時，應該審慎行事，通常在投資之前要詳細分析當地的政治、經濟、貨幣、利率等因素，不宜貿然行事。

李嘉誠一向宣導企業要「穩健中不忘進取，進取中不忘穩健」，企業的發展不宜過於急促，如此才不會過猶不及，企業才不會停滯不前，也不會冒不應該冒的風險。

行動指南

面對危機，企業要做好相應的對策，即使經濟上出現什麼危機，投資上出現什麼風險，也可盡早防範，不至於事到臨頭手忙腳亂。

第4週
Mon.

抓住政策的手

許多錢不是靠我的經營才能，而是靠政策賺來的。
——《老板經典：中小企業做大做強的八項修煉》

背景分析

一九六三年，傳出了「中國即將武力收復香港」的謠言，香港人心惶惶，由此觸發了二次世界大戰後的首次移民潮。在香港擁有大片土地、物業的李嘉誠心裡亦是不安，他不時看報紙，密切關注事態發展，然而香港傳媒透露的全是不好的消息。李嘉誠認真分析後認為，中國若想武力收復香港，早在一九四九年就可趁解放廣州的時機一舉收復，何必等到現在呢？香港是中國對外貿易的唯一通道，中國應該不希望香港局勢動亂。

於是，李嘉誠採取人棄我取、趁低吸納的策略，開始收購賤價拋售的物業，他又一次做出正確判斷。一九七七年對李嘉誠來說是不尋常的一年，中國已從文化大革命的浩劫中走了出來，改革開放初現端倪。香港的經濟也開始復蘇，並以百分之十一點三的年增長速度高速前進，各行各業都從陰霾中看到了亮光，可以說百業待興，這在一定程度上刺激了香港的地產業。李嘉誠就是看準這個大好時機，為自己的地產事業注入新的生機，這為他獲取更大經濟利潤提供了有利的條件。他被美國《富比士》雜誌評為「一九九五年度中國十大富豪之首」。

李嘉誠將自己成功的祕密歸結為「依靠政策賺錢」。他認為許多錢不是靠他自己的經營才能，而是靠政策賺來的。如果說他有什麼過人之處，那就是比別人更會利用政策。

行動指南

高明經營者不僅能順應政策，還可以使政策向自己有利的方面傾斜。即便政策不那麼明朗，他們也能做到因勢利導，應付自如。

平衡風險

任何事業均要考慮自己的能力才能平衡風險，一帆風順是不可能的。

——李嘉誠談商業

背景分析

二〇〇八年十一月二十一日，《全球商業》和《商業週刊》參訪團隊抵達位於香港中環的長江集團中心，對李嘉誠進行了深入參訪，這是本參訪的一個小片段，如下：

《全球商業》：你相當強調風險，不過外人注意到的卻是長江集團五十年來，屢屢在危機入市，包含一九六〇年代後期掌握時機從塑膠跨到地產，××風波後投資上海、深圳港口生意，甚至在印尼排華運動時投資印尼港口等，你的大膽之舉為何都未招來致命風險？

李嘉誠：這其實是掌握市場週期起伏的時機，並還有顧及與國際經濟、政治、民生一些有關的各種因素，如地產的興旺供求週期已達到頂峰時，幾乎無可避免可能會下跌；又因為工業的基地轉移、必須思考要增加的投資、對什麼技術需求最大等等的決定，因應不同的項目找出最快達到商業目標的途徑，事前都需要經過精細嚴謹的研究調查。

作為商人，永遠都要記住，當眼前一片繁榮的時候一定要頭腦清醒，覺察到潛伏的危機，未雨綢繆，即便真的危機來臨了，也能應對自如的。其實，李嘉誠的骨子裡是極度厭惡風險的，他是這樣做的，也是這樣告誡自己的。去過長江中心會議室的人都知道，在那裡擺放著他人贈送的一尊木製人像，木像乃中國舊時的帳房先生，手裡握有一杆玉製的秤，意在告訴自己，身為商人，要懂得權衡利弊，懂得進退之理，以防風險襲來。有意思的是，由於李嘉誠擔心此秤被打碎，乾脆將其收起，只留下人像一尊。

行動指南

要想在變幻莫測的市場上有所作為，一定要潛心研究，平衡風險，這是正道，也是立於不敗之地的不二法門。

第4週 Wed.

金融風暴中的應對策略（一）：先知先覺，謹慎投資

香港與中國股市均處高位，而且要留意美國的次貸問題。謹慎投資，注意泡沫風險。

——〈超人沽貨，股市未跌完？〉

背景分析

二〇〇八年十一月，經受世界金融危機席捲的香港進入了嚴峻的經濟蕭條期，在很多富豪被風暴席捲的時候，李嘉誠卻非常從容。

早在二〇〇六年，香港經濟就有萎縮跡象，李嘉誠感覺到經濟危機一觸即發，他不止一次地提醒集團的管理人士要嚴把防範工作，為了引起每位員工的注意，他還先後在年報上披露此事。對外界，在一些重大媒體發布會上，李嘉誠也一再警告各界人士要謹慎投資，還忠告股民，目前香港與中國股市均處高位，美國次貸危機已出現苗頭，很有可能是經濟危機爆發的導火線。然而，在一路飆升的股市行情中，無數股民被利多消息沖昏了頭腦，誰還理會李嘉誠的忠告？更有甚者，還指責李嘉誠對股票一竅不通。好景不長，隨著雷曼兄弟❸的破產，美國次貸危機終於爆發，並迅速波及世界各個角落，這時人們才知道李嘉誠判斷的正確性。

作為商界的領頭羊，李嘉誠不希望任何人成為經濟危機的犧牲品，他不僅公開提醒投資者注意風險，在實踐中他也做到了防患於未然。

二〇〇七年，他大幅減持手中的中資股，僅此一項就回籠上百億資金；在產業布局方面，他更是在二〇〇六年就著手調整。穩紮穩打是李嘉誠經商的風格。

二〇〇六至二〇〇七年，李氏集團在重大政策和發展上都倍加小心，對其他收購行為不聞不問，把主要精力都投在房地產本行的發展上。

行動指南

成功者往往在危機還沒到來時就做好應對的準備了，先知先覺，總能置身於危險之外。

第4週 Thu.

金融風暴中的應對策略（二）：把握經濟，鍾情實業

我們要問香港憑什麼跟別人競爭，是否光靠炒股票等投機行為？這是絕對不對的，我們要實實在在去做事。

——〈李嘉誠：危機中獨善其身〉

❸雷曼兄弟（Lehman Brothers Holdings Inc.），一八五〇年成立於紐約的國際金融服務公司，曾為美國第四大投資銀行，但受二〇〇八年次貸風暴的影響而嚴重虧損，裁員數千人，在政府和其他銀行放棄收購後，於當年申請破產保護。

背景分析

李嘉誠還被尊稱為「股神」，但是他似乎對這個美名不感興趣，他在多個場合均聲稱，自己是做實業的，並一再宣揚應該實實在在地做事。

一九七〇年代，李嘉誠收購九龍倉股票所引發的股市大戰，被譽為香港股市收購戰的經典之作。他當時看好九龍倉股票，並不是為了投機，而是因為該集團不善經營，造成股價偏低。他仔細盤算過，九龍倉股票的實際價值遠高於當時的股價，假如該地盤合理發展，價值一定會很高。基於這種考慮，李嘉誠不動聲色地買下約二千萬股散戶持有的九龍倉股票。雖然收購九龍倉的計畫最終沒有實現，但是李嘉誠在這一役中的收穫對他的發跡起了決定性作用。一方面，他將手中的股票全數轉讓給包玉剛，大賺了一筆；更重要的是，因此他得以透過包玉剛，從滙豐銀行承接了和記黃埔九千萬萬股的股票，成為和記黃埔的大股東。

作為投資者，李嘉誠深深知曉股市的風險性，他從不把股票投資當成主業，但憑藉過人的膽識和敏銳的商業觸覺，總能大賺一筆。

行動指南

要想成功，光靠一些投機行為是不可能的，那樣說不定哪天就翻船了。要想做市場的常勝將軍，就務必老老實實地做實業，兩者結合方能相得益彰。

應對負面新聞

我內心平靜，對於日常生活令人生氣之事，絕對不會上心。

——〈李嘉誠的快樂和煩惱〉

背景分析

李嘉誠在接受中國商業報紙《二十一世紀經濟報導》採訪時曾說過，他的內心很平靜，對於日常生活令人生氣之事，絕對不會放在心上。這種超脫的心態使他能超越不利的境況。與媒體溝通，是不少企業家頭疼的事，但李嘉誠處變不驚，面對媒體時，他講事實，表態度，即使是負面的傳言，也勇敢面對。

一次，有記者問李嘉誠，和記黃埔北京逸翠園是否存在品質問題，李嘉誠沒有迴避，而是實事求是地告訴記者，公司在中國有很多大樓，都是委託給其他建築公司施工的，他自己本身沒有建築公司，難免發生品質問題，如果買家有意見，他們會把有問題的地方修好。李嘉誠這種直接面對錯誤的精神，為解決問題構建了積極且友好的氛圍。

曾有段時間，有傳言說李嘉誠與小兒子李澤楷的關係不好，有記者便就此事追問他。李嘉誠也坦誠地說出了自己的想法：父子之間有摩擦在所難免，怎麼能說是不和呢？除了這些小小的爭執，他們父子在重大問題上還是有著高度默契的。就這樣，李嘉誠以平和的心態、智慧的語言，輕描淡寫地把很難回答的問題輕鬆解決了。

行動指南

對媒體的一些負面新聞報導，企業家要有勇氣對待，不必驚慌，如果對方知道你緊張，你就會陷入被動，要坦然面對。

Dec.
十二月

社會責任

賺錢多，可以回報社會。

為人民謀取福祉

作為公共機構，我們都有一個堅定不移的承諾，那就是利用創新來改善全世界人民的福祉。

——李嘉誠基金會董事周凱旋聲明稿

背景分析

二〇一三年三月二十三日，美國加州大學宣布了一項振奮人心的消息：亞洲首富李嘉誠已經承諾捐獻二百萬美元給加州大學舊金山分校（UCSF），用於研發「精準施藥」（precision medicine）項目。

據報導，加州大學舊金山分校推行這個專案的目的，是透過整合來自人類基因組和疾病研究的資料，以及來自病人病歷的資訊和環境資料，從而改造醫療護理。用該校校長蘇珊・戴斯蒙德—海爾曼（Susan Desmond-Hellmann）的話說：「我們的目標是讓每一位病人能獲得精確、具有預測性和個性化的護理，無論他身處於世界上哪一個角落。」海爾曼校長還在一份聲明中表示，現在，「精準施藥」專案的部分潛力已經初現端倪，在未來的醫療護理中，該專案的實施可以大幅減輕病人的痛苦。

這是個頗具社會責任的專案，它符合李嘉誠一貫宣導的為人類謀福祉的原則。就如李嘉誠基金會董事周凱旋在一份聲明中所說的：「作為公共機構，我們都有一個堅定不移的承諾，那就是利用創新來改善全世界人民的福祉。」周凱旋進一步說明：「精準施藥將創新工具與靶向治療法合併在一起，從而提供高度個人化的病人護理，反映了這個共同的使命。」

相較於李嘉誠其他慈善捐贈，「精準施藥」的捐款只是他的一個小小動作。據不完全統計，到目前為止，李嘉誠向各項事業和大學至少捐贈了十六億五千萬美元，即便如此，對「精準施藥」的捐贈仍是不容小覷的，它同樣具有相當重要的意義，因為這項捐贈將用於搭建一個全球性的研究人員和醫生網路平台，對推動中美之間的高層交流有著更深遠的意義。

據悉，除了加州大學舊金山分校外，李嘉誠還對舊金山灣區的另外兩所大學也進行捐贈，那就是加州大學柏克萊分校和史丹佛大學。李嘉誠捐獻了四千萬美元，在柏克萊大學建設一座生物醫學研究中心；而在史丹佛大學則蓋了一座醫療教育大樓。

如今，李嘉誠已是全球最慷慨的捐贈者之一，他的捐贈大都集中在教育和醫療上。

行動指南

企業家就應該有一份良知、一份社會責任。賺錢了，但不忘本，樂於施捨，樂於捐贈。捐贈的是錢財，得到的卻是社會的稱讚、人格的尊重。

以助國愛民為樂

做利國利民的事，乃人生第一大樂事。

——《從推銷員到華人首富：解讀李嘉誠管理智慧》

背景分析

毋庸置疑，人們追求財富的目的就是為了過上美好快樂的日子。和普通人一樣，創業之初的李嘉誠也是這樣想的。但是坐擁了財富後，是否就擁有了快樂呢？尤其像李嘉誠這樣的華人首富，他擁有富可敵國的財富，是不是就快樂無疆呢？

李嘉誠回憶說：「一九五七、一九五八年初次賺到很多錢，但人生是否有錢便真的會快樂？那時候我開始感到迷惘，覺得不一定。後來終於想通了，事業上應該多賺錢，有機會便把錢拿來運用，這樣一生賺錢才有意義……」多年來，李嘉誠傾力支持中國的教育與醫療事業。為了在有生之年不空留遺憾，在過去的二十多年裡，李嘉誠從來就沒停止過對社會的捐贈和幫助，他說，未來他也會這麼做，甚至要比過去做得更多、更好。

李嘉誠的這番情懷一生都不停息。人和動物的最大區別，就是人有豐富的精神追求，因此，人的精神屬性，就是社會「經濟人」道德昇華的內在動力，而「經濟人」的成長是靠道德的支持才得以實現的。在現代社會中，有不少企業家或富豪在致富過程中精於算計，開口閉口都是錢，但在一些公益事業上，他們往往為社會乃至人類的福祉慷慨解囊。在他們看來，幫助需要幫助的人，是他們的責任所在，他們被稱為現代社會的「道德人」，他們的良知和責任，正是對經濟人的一種完善和補充。從這個層面上來講，李嘉誠就是不折不扣的道德人，透過對公益事業的捐贈，他獲得了自我發展過程中自身道德的昇華，收受了人生的快樂。

李嘉誠曾說，做利國利民的事乃人生第一大樂事，也是他畢生奮鬥的宗旨。根據中國國家權威部門透露，李嘉誠本人以及他所設立的基金會和他的慈善基金，對教育、醫療、文化及公益事業支持的款額已高達百億港元，而這巨額款項中的百分之八十八是捐贈給中國和香港的。當他目睹中國之高速進步，在四個現代化政策❶之推動下一切欣欣向榮，這位愛國愛民的華人首富也深感雀躍。

行動指南

作為一個成功的企業家，就應該以愛國助民為其畢生之追求，在收穫財富的同時，也讓自己的道德得以昇華。

❶四個現代化政策又名四化政策，為中國於一九五四年第一次全民人代會上提出的國家政策，即工業現代化、農業現代化、國防現代化、科學技術現代化。

有能力的人要為人類謀幸福

我們謹守正知、正行、正念，應該可以高聲回應社會：我們一生未曾不仁不義、不善不正。

——二〇一二年十一月二十二日，於長江商學院十周年慶典上的談話

背景分析

二〇一二年十一月二十二日，長江商學院十周年慶典在北京如期舉行，作為長實董事局主席、長江商學院名譽院長，李嘉誠準時親臨現場，面對商學院的精英們，他開誠布公地講述了他的成功祕笈，以「行動英雄」為題，做了一場精彩絕倫的演講。他勉勵長江校友：「有能力的人，要為人類謀幸福。共同打造更美好的世界，世世代代能在尊嚴、自由和快樂中，活出我們民族的精彩。」

在慶典現場，李嘉誠和校友們進行了互動式交流。談到命運，不少校友對李嘉誠嘖嘖稱讚，但李嘉誠本人不這樣認為，他說，只有自己雙手創造的未來，才是唯一能信任的命運。對此，看著校友們質疑的笑容，他闡釋道：「明天只是新的一天，而未來是自己在一生各種偶然性中不斷選擇的結果。追求自我、努力改善自己是一股正面驅動力，當你把思維、想像和行動譜成樂章，在科技、人文、商業無限機會中實踐自我；知識、責任感和目標融會成智慧，天命不一定是命運的藍圖。」

至於人生價值問題，李嘉誠也表達了自己的看法，他說：「有能力的人要為人類謀幸福，這

是任務。歷史中有很多具有創意、有抱負的人和群體，同心合力，在追求無我中，推動社會改革進步。天地之間有一不可衡量、永恆價值的元素，只有具使命感的人才能享有。」面對現場六千名校友，李嘉誠發出了內心最為質樸的心語：「我們謹守正知、正行、正念，應該可以高聲回應社會：我們一生未曾不仁不義、不善不正。」

一個有社會責任感的企業主必將能造福一方。長江商學院是李嘉誠的慈善之舉，該學院成立於二〇〇二年，是一所非營利性教育機構。十年來，長江商學院在李嘉誠基金會的支持下，已培養出數以千計的企業家，包括蒙牛集團董事長牛根生、聯想集團總裁柳傳志、新東方總裁俞敏洪等。他們都是中國經濟的要員大將。如今，長江商學院已蜚聲海內外，成為第一所全球化的中國商學院，亦已成功啟動歐洲、北美等市場的運營。

行動指南

一個有所成就的企業家理應為社會謀福利，因為你的成功，是在社會的滋養下才脫穎而出的。沒有社會的幫助，沒有消費者的消費，何來成功？所以，當你具備了一定的實力及能力後，就要為社會謀取福利以為回報，只有為大眾謀福利的企業才能真正獲得公共的接納與尊敬，才能不斷地走向成功。

閩有陳嘉庚，粵有李嘉誠

很多人曾經問我，為何要花這麼多時間和心血在汕大的發展上？甚至在汕大建校初期，曾經有一位對教育有認識的領導對我說：「你對汕大是一個美麗的誤會。」意思是指如果我要辦教育，不如將資源投入北京的重點大學，所創出的成績會更顯而易見，這只因他不明白我傾力發展汕大的原因。對我而言，建設汕大不僅是因為家鄉之情，而且是因為認為此地方確切需要一間高等學府來栽培優秀人才，以配合整個廣東地區及國家的互動發展。汕大的成功，將對整個潮汕地區產生無可估計的長遠利益及巨大影響，亦能對國家教育發展貢獻出一份力量。

——二〇〇一年五月十七日，於汕頭大學師生大會上發言

背景分析

李嘉誠十四歲輟學，沒有進過高等學府受科班教育，他所有的成功都是在自己勤奮打拚下實現的。一路艱辛的他，深切體會到文化、知識和教育對一個人的成長是多麼重要，所以當他小有成就時，就萌動了興學的強烈願望。當時的中國教育事業還不發達，愈是這樣，李嘉誠辦學的想法就愈堅定。在諸多困難下，他還是下定決心，為家鄉捐建一所高等學府，而且還是具備現代化水準的綜合大學。就這樣，汕頭大學在李嘉誠的構想下初具模型了。李嘉誠在這件事可說親力親為，不放過任何一個疏漏，比如在選擇校址上，他就多處考察，最終選定了在家鄉潮州平原一處山清水秀、風光俊美的地方；地方選好後，他委託了香港三家建築事務所設計藍圖，從中擇優選

用，目的就是想讓汕大的校園布局合理、建築結構科學、園林造型獨特。從首捐的一億元人民幣開始，增至後來的一億七千萬元人民幣，最終突破了三億元人民幣，可見李嘉誠對汕大的用心。

港澳同胞和海外華僑歷來就有興資辦學的愛國傳統，他們代表的是有能力階層的社會責任感，要為國家的教育事業添磚加瓦。早在一九一九年，企業家陳嘉庚就傾資三百萬創辦了廈門大學，實現了他「上以謀國家之福利，下以造桑梓之庥禎」的夙願。後來，陳嘉庚希望潮州也能辦起一所大學，但最終沒能實現他的這個美好願望，他的〈論潮州大學〉一文也成了一紙空文。歲月流過，情懷不變，在陳老先生宏願的指引下，李嘉誠實現了這個夢想。一九九〇年二月八日，在隆重的歡慶氣氛中，汕頭大學舉行了落成慶典。汕頭大學是繼陳嘉庚之後的又一壯舉，是中國第二所由海外愛國人士捐贈鉅資興辦的大學。時任廣東省省委書記任仲夷感慨地說：「閩有陳嘉庚，粵有李嘉誠；前有陳嘉庚，後有李嘉誠。」而由自己的這一點成就，李嘉誠看到了家鄉的未來，看到了國家的希望。

行動指南

自己發達了，不要忘了滋養你的那片土地，用你的行動來回報社會，回報那裡的點點滴滴。正如娃哈哈集團董事長宗慶後所言：「企業生存於社會，應當回報社會；企業家不但要會賺錢，會經營企業，更需要有社會責任感。有良心的財富才有意義。」

創立基金，贏得好口碑

人生在世，能夠在自己能力所及的時候對社會有所貢獻，同時為無助的人尋求及建立較好的生活，我會感到很有意義，並視此為終生不渝的職責。

——取自李嘉誠基金會簡介

背景分析

李嘉誠的兩個兒子都是叱吒風雲的商業奇才，他對他們的苦心栽培，與其眾多經商故事一樣成為人們學習的典範。在一次座談會上，李嘉誠說自己還有第三個兒子，讓在座的人疑竇頓生。看著這麼多人疑惑，李嘉誠風趣地說，自己的第三個兒子就是成立於一九八〇年的李嘉誠基金會。李嘉誠是個好父親，更是個好商人，他對第三個兒子的關照一點也不亞於自己親生的兩個兒子。二〇〇六年八月二十四日，李嘉誠對外界宣布，將來他會把三分之一的個人財產捐給基金會，作為國家公益慈善之用。據官方調查，當年李嘉誠的個人資產是一千五百億港元，按此計算，這筆捐款將達到四百八十億港元，無疑是全世界華人私人基金會中資金最多的。

李嘉誠言出必行，多年來，他一直對這個基金會精心培養，不斷注入新的資金，目的就是讓這個兒子茁壯成長，好為國家、為人民多做好事。李嘉誠曾明確表示，這第三個兒子的財產，家裡任何人都沒有份兒，任何人都不可以動。李嘉誠基金會的使命，是推動社會建立奉獻文化，捐款主要均用以資助教育、醫療、文化及其他公益事業。

行動指南

透過教育增強人力和文化資源，透過醫療專案建立一個充滿關懷的社會。

第2週 Mon.

授人以「魚」不如授人以「漁」

除了支援天災人禍的受害者，關鍵就是制訂長期計畫助人自助，讓那些被社會孤立和落後的人重新融入社會。

——李嘉誠的公益事業觀

背景分析

李嘉誠一生捐贈的財富不計其數，國內計有香港公開大學、汕頭大學、西部教育醫療計畫、長江學者獎勵計畫、北京清華大學FIT未來互聯網路研究中心、潮州基礎小學、廣東警官學院等。海外的捐贈也可圈可點，比如新加坡國立大學、李光耀公共政策學院、新加坡管理大學等，這些單位都得到了李嘉誠基金會的巨大捐助。李嘉誠的財富遍灑世界，他履行了企業家的職責，盡到了企業家應盡的社會責任。

二〇〇八年五月十二日，四川汶川發生芮氏規模八點零的大地震。消息傳來，李嘉誠十分悲痛，面對同胞們的多災多難，他本能地覺得自己該做點什麼，隨即以李嘉誠基金會、李嘉誠教育基金、和記黃埔集團、長江集團的名義向汶川捐款。截至二〇〇八年五月三十一日為止，李嘉誠基金會向汶川地震先後作出了三次捐助，合計約五百萬港元。遵照李嘉誠本人的意願，這筆善款專項專用，直接投放到教育領域。在教育部公開、公正的指導和配套下，這筆善款如願被用於設立特別教育基金，資助那些受災學生，使受災地區的廣大學生重新走進課堂，繼續他們的學業。

從李嘉誠基金捐助的物件來看，可以發現他著眼的往往是那些公益事業，用他本人的話說，他做的是公益事業，而不是慈善。在使用基金的方式上，李嘉誠也有自己的原則，他認為，競爭是一切生物進化的基礎，只有競爭才能淘汰那些不適應環境的人，所以，他絕不會簡單地將錢施捨給那些窮人。施捨窮人，就等於滋生懶人，捐贈的結果只能是有害無益，更談不上推動社會的進步了。在李嘉誠看來，授人以漁遠比授人以魚重要得多，這也就是為什麼他總是把基金投放在教育、醫療、圖書館、環保等基礎建設上。李嘉誠說，人必先自助而後人助，那些不勞而獲、等待救濟的人是不值得同情的。所以，他要透過教育來提升弱者的生存能力，讓他們掌握知識，透過知識來改善自己的境遇，而不是成為國家的累贅，這才是李嘉誠做公益事業的根本目的。

行動指南

要讓你的善意起到應有的作用，而非一次性的快銷品，這樣的善意終究非治本之舉，所以，真正的大善是可以造福後代的事，幫助需要幫助的人逐步脫離貧困。這才是真正的善舉，否則就只是打水漂罷了。

第2週 Tue.

為民族和人類創造繁榮和幸福

我相信幫助他人對社會有所貢獻，是每一個人必要的承擔。

——二〇〇五年九月二十五日，於長江商學院EMBA、MBA畢業典禮上的發言

背景分析

二〇〇五年九月二十五日，長江商學院舉行畢業典禮，會中李嘉誠說，一個優秀的企業應該為民族和人類謀取幸福，而不是一味地賺取利潤。但有學員表明，傳統的儒家思想推崇道德標準

的作用，而今天，很多企業都強調效益和贏利才是衡量企業成功與否的主要標準，這和給人類謀取幸福有著明顯衝突和矛盾，如何協調兩者關係？對此，李嘉誠說，一個有使命感的企業家，在捍衛公司利益的同時，更應重視以努力正直的途徑謀取良好的成就，正直賺錢才是最好的。

李嘉誠歷來重視企業的社會責任。前商務部部長助理易小准在「二〇〇五年中歐企業社會責任北京國際論壇」上發表了一番談話：「隨著全球經濟的一體化，企業社會責任的要求已隨著發達國家，以跨國公司的商品供應鏈以及供應鏈之間的競爭傳導到眾多中國企業，企業社會責任已經成為中國企業參與全球競爭、分享全球市場所面臨的新挑戰。」易小准表示，目前中國企業的社會責任意識還不夠。

相對於中國企業，李嘉誠在這方面頗具帶頭大哥的作用。他如今是舉世聞名的華人首富，在古稀之年創建了李嘉誠基金會，基金會主要捐款予教育、醫療、文化及其他公益事業。李嘉誠希望透過教育加強人力和文化資源，透過醫療專案建立一個充滿關懷的社會。

行動指南

蘇格蘭哲學家休謨（David Hume）說，人類的一切努力都是為了幸福。那企業的目的是什麼呢？還是賺錢嗎？可是對於那些腰纏萬貫的企業家來說，錢已經不是問題了，他們為什麼還要把企業做強、做大？這就是企業社會責任的問題了。此時，他們賺錢已不是目的，而是手段，是為了獲得認同、成就、榮譽，是為了實現價值，最終獲得人生幸福。所以，企業的終極目的是創造幸福。

回報社會

我的錢來自社會，也應該用於社會，我已不再需要更多的錢，我賺錢不是只為了自己。為了公司，為了股東，也為了替社會多做些公益事業，把多餘的錢分給那些殘疾及貧困的人。

——李嘉誠給年輕商人九十八條忠告

背景分析

在美國，很多大學、公共圖書館、社會公益設施等都是如卡內基（Andrew Carnegie）、洛克菲勒、福特（John Ford）等富人所留下的，這些富豪創造了當年的商業奇蹟，也給美國社會留下了一筆巨大的無形資產。在中國，李嘉誠這般真心回報社會的企業家。

不論是西方的富豪還是中國的首富，他們在締造一個商業王國的同時，也給予社會極大的幫助，他們沒有把財富據為己有，而是選擇把財富貢獻於社會。在一段時間裡，他們相互鬥富，比誰的財富更多，但後來，這種財富的競爭逐漸演變為誰對社會的貢獻更多的競逐上。

自一九七八年以來，李嘉誠就不斷捐款，為家鄉興辦福利事業。他捐資近六億港元創辦了汕頭大學；一九九〇年初他又向亞運會捐款一千萬港元用於發展中國的體育事業。李嘉誠這種高效回報社會和愛國主義的精神受到中國黨政高層和國家領導人的高度評價。一九七九年，李嘉誠被委任為中國國際信託投資公司董事，此後又出任香港特別行政區基本法起草委員會委員。一九八六年六月二十日，中國國家領導人鄧小平在人民大會堂親自接見了李嘉誠，對李嘉誠為中國做出的貢獻表示感謝，亦對他強烈的愛國精神表示讚賞。此後，江澤民、李鵬等黨政高層人士也多次會見李嘉誠，聽取他對中國四化建設的意見。

在李嘉誠看來，企業不能只為錢，還應該承擔起相應的社會責任。可是很多企業家認為回報社會會影響企業利益，兩者是不可調和的。對此，李嘉誠說，勇於承擔社會責任反而會贏得更大的利益。一個企業要想在市場經濟大潮中謀得一席之地，除了要有紮實的產品品質和暢通的行銷管道外，還要有願意貢獻自己的財富、從而造福一方的這種社會責任感。有的企業雖然做了一些慈善事業，也給社會帶來了些許好處，但目的卻是作秀，背後有著難以言告的黑手交易，對此，李嘉誠告誡企業家，承擔社會責任是一種高尚的企業行為，不是企業家追求企業利潤的外部粉飾，而是要實實在在地履行企業應盡的義務。

一個成功的企業家必然是有良知的人，他一定具備了基本的道德，才能達到現在的高度，否則著實難當成功二字，充其量就是賺錢的機器。事實上，承擔社會責任不是要企業大掏腰包，相反地，它是公共關係傳播的途徑，可以改進企業與政府、企業與消費者的關係，為企業樹立良好的公眾形象打下堅實的基礎。據專業調查發現，消費者除了樂於購買「綠色產品」外，更喜歡購買那些有社會責任感的公司的產品，而那些欠缺責任感公司的產品，往往是他們抵制的對象。

行動指南

懂得回報社會的企業，才是一個有良知的企業，才有深遠的意義是。

第2週
Thu.

承擔社會責任，是我們的義務

我們活著是為了什麼？承擔社會責任是不是我們的義務？我認為人最大的悲哀是患上冷淡症，套上自命不凡的枷鎖，在專業、行業和權力的高崗上失去自重心。那些對社會問題無動於衷的藉口大王，一定會被社會唾棄和淘汰。

——二〇一二年十一月二十二日，於長江商學院十周年慶典上的談話

背景分析

二〇一二年十一月二十二日，八十四歲的李嘉誠出席了長江商學院十周年慶典活動，他的出現讓與會者興奮莫名，大家都想知道到底是什麼力量，使這位耄耋老人仍活躍在商界舞台上。

會上，李嘉誠做了慷慨的演講，他說，一個人活著就是為了承擔社會責任，承擔社會責任不是口號，而是義務。他痛恨那些賺得社會的錢財，卻對社會麻木不仁的銅臭之人。可喜的是，如今已有不少企業家都已經有回報社會的想法。

二〇〇四年十二月二十六日，印度洋發生了罕見的海嘯，災難過後，許多企業家紛紛慷慨解囊，幫助那些在海嘯中失去住所乃至生命的地區重建家園。

行動指南

一個不善於承擔責任的企業是沒有前途的企業，就如心理學家維克多・法蘭克爾（Viktor Emil Frankl）所說的：「人生的終極意義在於承擔責任，去尋找很多人生問題的答案，從而不斷地完成對每個人設置的任務。」

第2週 Fri.

給明天帶來希望

選擇捐助資產如同分配給兒女一樣，我們今天一念之悟，將會為明天帶來很多新的希望。

——於成立李嘉誠基金會時的發言

背景分析

一九八〇年，李嘉誠慈善基金會成立了，李嘉誠深情地稱之為他的「第三個兒子」。他說，我會全心全意地愛護他，我相信基金會的同仁和我的家人，定會把我的理念，透過知識、教育改變命運，或是以正確及高效率的方法，幫助正在深淵痛苦無助的人，把這心願延續下去。資料顯示，在過去的三十年裡，李嘉誠名下的慈善基金捐資數額已逾百億元大關。他說：「我就算留給兩個兒子，他們也只是多了一點；我著力培育第三個兒子，是想讓更多的人得到多一點。」李嘉誠的話，是每一個中國企業家要深思的。

李嘉誠表示，在華人傳統觀念中，傳宗接代是一種責任，他呼籲亞洲有能力的人士，儘管我們的社會支援和鼓勵捐獻文化並未成熟，但只要在我們心中能視幫助建立社會責任如延續血脈同樣地重要，選擇捐助資產如同分配給兒女一樣，那我們今天一念之悟，將會為明天帶來很多新的希望。

如今，在李嘉誠的影響下，愈來愈多中國企業家紛紛投身於慈善事業之中。慈善事業在民間已蔚然成風，而中國政府對慈善事業的態度也逐步開明，甚至有全國人民代表於開會中明確指出，應該將慈善項目作為社會福利計畫的有益補充。

行動指南

有了錢，不一定就真正擁有了財富，財富是身外之物，生不帶來，死不帶走。只有把財富變成使更多人快樂的一項事業，並使之代代相傳，才會有自身存在的價值，掌握財富的人也才能稱得上是財富的擁有者。

為患者減輕痛苦

我對時間什麼的都無所謂，最困難的是，有時候看到一些家人為病者勞累時，我會吃不消。

——〈李嘉誠對第三個兒子的期許〉

背景分析

二〇〇年十一月六日，李嘉誠以名譽主席身身出席汕頭大學的校董會會議，期間，他向該校醫學院屬下醫院的「扶貧醫療」和「寧養院」醫護人員給予高度的讚揚，並頒發獎品。

自一九九八年以來，李嘉誠就大力資助扶貧醫療及寧養院，每年捐資都高達五百萬港元。寧養院的服務物件是癌症晚期患者，為那些即將告別生命的貧困病人提供善終服務。和普通醫療機構的醫生不一樣，寧養院的服務醫生要親赴病人家裡，給患者提供鎮痛治療、減輕病苦，必要時還要提供心理輔導，以減輕其精神上的痛苦。多年來，汕頭大學寧養院為晚期病人提供福利的努力，深受人們敬仰。

死是必然的過程，生命的本身就是有尊嚴的。李嘉誠感慨地說：「癌症的病人都曾經對社會作出過貢獻，本人希望他們在離開這世界之前，盡量減少他們的痛苦，讓他們在最後的日子裡，也能活得有尊嚴。」在李嘉誠的感召下，汕大醫院的扶貧醫療隊自成立以來，傾心做好病人的善終服務，工作人員不止一次地深入到汕頭偏遠山區，為貧苦病人送上貼心服務。據統計，受惠者超過三萬多人。

在頒獎禮上，李嘉誠對醫療人員給予極高的評價，他說：「你們兩個不同部門所做的工作，相對來說都是較具厭惡性的，甚至得在非常惡劣的環境下進行，但大家都欣然接受，更加令我由衷欽佩。大家的辛勞，充分體現了人性最高貴的一面，因為大家面對著極差的環境，仍然以無比的愛心和耐性，付出精神、努力，為貧苦病者提供醫療服務，或為他們減輕痛苦。」

二〇一二年年初，李嘉誠基金會宣布將給廣州中山大學醫學院捐贈一台高科技產品，它就是在醫學界享有盛名的「真光放射治療機」（TrueBeam），能對隨著病患者呼吸而移動的腫瘤進行高速、精確治療，特別適合治療肺癌和肝癌。據專家說：「這套新系統在歐美、澳、紐各地愈來愈受歡迎，尤其在治療肺、肝、胰臟、頭頸、腦、脊椎腫瘤方面，並已開始處理如腦腫瘤等高難度治療，已有數以千計癌症病人受惠。」這台設備價值四千萬港元，李嘉誠希望中大醫學院能借這台被譽為「未來機種」的尖端科技產品，完善癌症病患者的治療和癌症放射治療效果，以減輕病人的痛苦，從而造福人類。

行動指南

慈善醫療救助是社會力量參與大病救助的有效方式，是繼醫療救助、商業保險救助之後大病救助的第三道防線。捐助醫療，延續愛心。

領導者的境界與追求

作為領袖者，要致力於建立一個沒有傲心但有傲骨的團隊，在肩負經濟組織特定及有限責任的同時，也要努力不懈，攜手服務，貢獻社會。

——二〇〇五年六月二十八日，於長江商學院「與大師同行」系列演講

背景分析

中國企業的成功，很大程度上是企業家個人的成功，這也就是為什麼中國很少有基業長青的企業。這有歷史因素，但更多的是企業家個人的問題，那就是企業「達到極限」現象，即一家企業做大、做強，完全取決於企業家的境界、抱負與追求。這就如同給企業戴了緊箍咒，要想發展，就必須先解除這個咒，否則將難以超越企業家的能力而闊步向前。

許多企業家之所以成不了產業領袖，是因為他們不具備產業領袖的心態，而只看眼前利益、缺乏長遠規畫。企業要突破現有桎梏，首先就要求企業家必須重新塑造自己的治理境界、抱負和追求。在這方面，李嘉誠無疑給華人企業家做了很好的楷模，他麾下的長江實業享譽海內外便是最好的證明。他的成功部分取決於時代因素，但主要還歸功於他遠大的抱負與不懈的追求。和大多數企業家不同，李嘉誠把長江實業做大以後，他並沒有停留在小富即安的享受中；相反地，他不僅渴望自己成為一代傑出的企業領袖，還希望經營的企業成為產業領袖。

反觀中國的一些民營企業成不了產業領袖的原因，癥結即在於企業家本身的追求與抱負不

夠，他們不是以產業領袖的心態來管理自己的企業。羈絆他們成為產業領袖的一道不可逾越的門檻，就是前面提到的盲目自大和名流心態。李嘉誠深諳箇中精髓，因為他篤信，一家企業要實現真正意義上的轉型，除了提升企業家自身的境界、抱負、追求，別無他法。

行動指南

企業的領導者，要在企業內樹立一種文化——企業追逐的不光是利潤，還有使命。企業的發展不應是一部個人英雄主義的發家史，而是一部企業基業長青的發展史。

第3週 Wed.

構建一幅藍圖

士農工商都是國家的基礎，作為企業家不但要在競爭壓力之中脫穎而出，更要懂得怎樣做人文、公益和慈善。

——二〇〇六年，於中央電視台《中國經濟年度人物評選》節目上的發言

背景分析

一九九九年年末，二十世紀的鐘聲即將敲響。世紀之交，必將有一番別開生面的開局。作為殘聯會的理事長，鄧朴方將再赴香港，參加為期兩天的國際會議。得知此訊後，李嘉誠致電北京，希望在香港能與鄧朴方晤談。

十二月十八日，鄧朴方如期抵達，闊別數年的兩位老朋友相見甚歡。面對中國欣欣向榮的局面，李嘉誠按捺不住內心的喜悅，真誠地向鄧朴方表示：「二十世紀來了，咱們之間的合作應該再上一個台階。為了讓更多殘疾人享受生命的美麗，我願意源源不斷地付出精神、時間和資源，給國家的醫療、教育和公益事業增磚添瓦。」

面對眼前的老朋友，鄧朴方也至誠地說，李嘉誠一九九一年的捐款，對殘聯會的幫助太大了。如今自己已年過半百，在六十歲退休之前，他想再紮紮實實地為人民做幾件事，主要著眼點是殘聯的薄弱環節，然後構建基礎，形成一套硬性的機制，保證殘疾人事業與國家經濟建設協調地持續發展。

針對鄧朴方高瞻遠矚的眼光，李嘉誠深有見地地說：機制確實很重要。三個月後，「長江新里程計畫」在中國殘聯的精心規畫下出爐了，然而這是一份需要六千萬港元資金來構建的宏偉藍圖，捐款資助的李嘉誠欣然同意，此後又主動追加四千萬，使這項捐款躍升至一億元港元，讓更多殘疾人從中受益。

就如「長江新里程計畫」的名字一樣，李嘉誠旗下的長江實業集團為扶助殘疾人開創了他們的人生新里程。

二〇〇〇至二〇〇五年，該計畫主要實施普及型假肢服務、聾兒語訓教師培養、中西部盲童入學、貧困地區基層殘疾人綜合服務及盲人保健按摩師培訓五個項目。而計畫剛剛實施，就已超額完成年度任務，且成效顯著。為了擴大受益團體，二〇〇七年，李嘉誠又捐資一億港元，支持長江新里程計畫專案二期的實施。

如今，長江新里程計畫已使上千萬的殘疾人從中受益：白內障患者重見光明，低視力者配用了助視器，失聰兒童參加了語言訓練。李嘉誠曾動情地說，當他看到中國大踏步的飛速發展，百業興旺，他深感雀躍。能支援國家建設，報效自己的家鄉，盡到一個商人應盡的社會職責，是他本人畢生奮鬥的宗旨。

行動指南

一份藍圖改變了殘疾人的缺憾人生，它可以號召社會各界有識之士都來關注殘疾人，關注中國殘疾人事業的發展。

追求的目標

當你離開這個世界的前一段時間，你能夠快快樂樂地回想起，這一生雖然人家為我服務很多，但我也為人家服務不少，那麼，你就會真真正正快樂。

——二〇〇五年十一月二十三日，接受中央電視台《東方時空》專訪

背景分析

一個人追求的目標，決定了這個人的事業能做多大。有的人畢生追求的是金錢，一生都充滿銅臭；有的人追求的是內心的寧靜，雖然擁有萬貫家財，但內心無時不想著報答社會，讓更多的人來分享他的成功。這麼多年來，李嘉誠一直在為公益事業努力，他的捐助都是以億量計的，而且遍及各行各業，諸如興辦學校、支援醫療、弘揚文化、賑濟救災、贊助科學研究等。多年來，李嘉誠一直為此付出心血，對公益事業抱有高度熱情，或許有人會問，支撐這種熱情的到底是什麼？這就是李嘉誠追求的目標，他在乎的是內心的享受，讓更多人獲得幸福是他畢生的追求。用他自己的話說就是：不義而富且貴，於我如浮雲。

金錢不是衡量財富的唯一指標。真正的富貴是作為社會的一份子，用賺來的金錢讓更多的人獲得幸福，使這個社會變得更進步、更美好。幫助他人是一種快樂，是真正的財富，這些是任何人無法拿走的。

行動指南

心有多寬，幸福就有多長。追求的目標愈高，獲得的幸福就愈大。

第3週 Fri.

為無助的人尋得好生活

看一個人是不是尊貴，不是看他的身分地位名氣頭銜有多麼顯赫，而是看他對社會的貢獻有多大，看他對身邊的人，有多少實際的幫助。

——二〇一二年二月六日，李嘉誠接受中央電視台《面對面》記者的參訪

背景分析

回饋社會是企業的使命。一家企業要想打造民族品牌，就要勇於承擔社會責任，用賺來的錢積極回饋社會。長江實業歷來即奉行這項原則，且在李嘉誠基金會中體現得尤為明顯。

一九七九年，李嘉誠捐資五百九十萬港元在潮州修建群眾公寓，安置住戶達二百多萬戶；一

九七九年以來，李嘉誠僅為汕頭大學就捐助了八億多港元；成立於一九八〇年的李嘉誠基金會一直在為中國及世界各地的慈善事業服務。在這個數額龐大的基金帳戶中，百分之九十二的資金用於中國慈善事業；一九八八年，李嘉誠捐資一百萬港元給北京炎黃藝術館，使炎黃藝術館成為中國和國際藝術交流的一個重要視窗；一九八九年，李嘉誠為將在北京舉辦的第十一屆亞洲運動會捐贈一千萬港元；一九九一年，李嘉誠捐資五千零一萬港元賑災。

一九八〇年代至今，李嘉誠對香港社會福利和文化事業發展的善款超過一億港元；二〇〇五年一月，李嘉誠將其個人在加拿大帝國商業銀行（Canadian Imperial Bank of Commerce, CIBC）的近百分之五股權出售套現（約七十八億港元），並全部撥入其基金會，為他日後繼續做慈善事業補充了資金來源。

行動指南

作為一個有智慧的企業家，應該懂得財富來源於社會，還應回饋於社會的財富觀，使企業承擔起一定的社會責任。

為社會穩定做點實事

我們需要萬眾一心，商界、政府、勞工和各業翹楚，以至每個香港人都應各盡所能，為香港現在及未來的輝煌成就出一分力。讓我們以自強不息的精神，為更好的明天努力。

——《李嘉誠經商智慧全書》

背景分析

社會穩定了，經濟才能穩定。所謂唇亡齒寒，作為一個有良知的企業家，應懂得企業該為社會穩定做點事。這是一種長遠的眼光，彰顯出一個企業家的赤誠愛國之心。

一九九五年夏，美國《財星》雜誌刊出一篇的文章：「一九九七年後香港一切都會改變，因而走向死亡。」這無疑給香港蒙上了一層陰霾。為了澄清事實，替香港人民注入一支強心劑，李嘉誠等商界愛國人士馬上站出來，予以強有力的反駁，告訴香港各界這種預測是毫無根據的。隨後，李嘉誠號召香港商界人士共同抵禦這種別有用心的謠言，並捐款籌建了「香港明天更好基金」。為了增強該基金的公信度，基金會還把二十二位基金會理事的合影照片以整版的形式刊登在香港各大報刊，還隨圖刊登了一段醒目的宣言，標題是：「我們立場一致，全體一心為香港！」宣言內無不體現出炙熱的愛國心。

社會名流，特別是商界名流的動向是時局的風向標，李嘉誠在香港向來有極好的信譽，在他和各社會名流的共同努力下，香港的局勢終於得到了穩定。

行動指南

社會的穩定是經濟穩定的基礎，如果社會一片混亂，經濟也將陷入泥淖之中。作為一個有良知的企業家，就應該為社會穩定做點實事，這是社會的需要，也是企業發展的需要。

第4週 Tue.

對國家做些有益的事情

我個人對生活一無所求，吃住都十分簡單，我並沒多要財產的奢求。如果此生能多做點對人類、民族、國家長治久安有益的事，我是樂此不疲的。

——李嘉誠給年輕商人的九十八條忠告

背景分析

企業除了對員工、對社會負責外，還有更高層次的義務，那就是對國家負責。先有國後有家，只有國家繁榮昌盛了，企業才能有更好的發展環境和更多的發展空間，個人才能在企業中成長進步。

一九八〇年代初，世界經濟瀕臨衰退，亞洲四小龍之一的香港表現尤為明顯，各種貿易急劇下降，出口量嚴重萎縮。就在那時，英國首相柴契爾夫人出現在北京，對香港的前途問題發表了諸多不樂觀的看法。香港開始爆發信心危機，人們憂心忡忡，這個曾經養育了他們的地方似乎將變成一個魔鬼之地，移民恐慌彌漫於整座港島。在這個關鍵時刻，是遺忘國家還是對國家負責，似乎成了考驗一個企業家有無愛國心的標準。面對千萬個不同的聲音，李嘉誠發表聲明，他絕不會把李氏家族遷往海外，更不會把資產轉移到海外，他對香港有著非常深厚的感情，對它的前景也充滿信心。他要相信國家會處理好這個問題的。他對國家至死不渝的情感深深感動了香港人民，香港的人心也在李嘉誠的感召下逐漸穩定下來。一九八五年，李嘉誠斥鉅資收購香港電燈，就是一個很好的說明。香港商界沒有出現大的波動，李嘉誠的行動功不可沒。一九八九年十一月二十日，李嘉誠發表了長篇言論，洋洋千萬言，無不在告訴香港人民，一切都會過去的，香港是一個好地方，也是一個賺錢的好地方，要相信國家能處理好這一切。

行動指南

一個優秀的企業必是個有責任的企業，因為它所有的光輝、成績都是在國家這個大框架下完成的。沒有國家的興旺發達，沒有國家的安定團結，何談企業的生存！因此，一家企業在苦難時期要不忘國家給予的幫助，在發達時期更要記得回饋國家、感謝社會。

第4週 Wed.

發家不忘故鄉

月是故鄉明。我愛祖國，思念故鄉。能為國家為鄉里盡點心力，我是引以為榮的。

——《李嘉誠經商智慧全書》

背景分析

一九三九年潮州淪陷，李嘉誠隨家人離開家鄉；一九七九年他衣錦還鄉，回到闊別四十年的故鄉。多年來他一直生活在香港，面對家鄉的這種發展局面，他真不敢相信自己的眼睛，兩者差距竟是如此之大。當他再次回到這片曾經養育他的土地，看到前來迎接他的父老鄉親穿著破爛不堪的衣服，他心痛不已。回港後，李嘉誠多次表達自己願意為家鄉出綿薄之力的想法。

李嘉誠向來說到做到。一九八〇年，他捐助了二千二百萬港元給家鄉潮州，用於興建潮州醫院，家鄉的醫療條件因此得到了極大改善。一九九〇年，他捐資成立的汕頭大學也是對家鄉巨大的貢獻。

行動指南

家鄉是養育自己的地方，是那裡的環境造就了你的財富。因此，發達時務必回報家鄉，這是責任，也是對自身形象的提升。

第4週 Thu.

學會同情他人

我們要同心協力，用積極、真心、決心，在這個世上播撒最好的種子，並肩建立一個平等及富有同情心的社會，亦為經濟、教育及醫療作出貢獻。

——二〇〇五年，於長江商學院畢業典禮上的演講

背景分析

李嘉誠是一個富有同情心的人，他和妻子莊月明在教導孩子時，也希望孩子們把這份同情心傳遞下去，要他們學會關愛他人，幫助他人，盡到自己應盡的職責。李澤鉅和李澤楷生下來就注

定是富家子弟，但是兄弟倆卻沒有紈絝子弟的冷漠和自私，而是富有同情心和社會責任感，這和李嘉誠夫婦的教育是息息相關。

李嘉誠對孩子的要求要比莊月明嚴格，慈母嚴父式的教育在這個家庭表現得較為明顯。母親每次外出，李澤楷都要跟著媽媽一起去，每當看到路邊有人乞討時，小澤楷都要給路邊那些乞討的人一些巧克力、冰淇淋類的食物。在李澤楷看來，這些人本應該和他一樣，擁有一個幸福的家庭，他們實在是太可憐了。小澤楷想起了父母平時教他的，做人要有同情心，當別人有困難的時候要伸出援手。因此，只要跟母親外出，小澤楷總帶著許多美食，以便發送那些窮苦之人。

看著孩子從小就懂得這麼深刻的道理，莊月明會心地笑了，但她認為兒子做得還不夠好，於是她告訴小澤楷：這些人都是餓著肚子在乞討，餓的時候，他們想的是麵包；渴的時候，他們想的是喝水，你施捨給他們巧克力雖然好，但巧克力並不能給他們帶來麵包和水，但錢可以，你不覺得給他們點錢更有意義嗎？她要李澤楷永遠記住一句話，給別人需要的東西！後來，李澤楷外出時，母親都會給他幾塊錢，讓他施捨給那些沿街乞討的人，讓他們買一些急需的東西。《論語》云：「己所不欲，勿施於人。」所以，考慮問題務必要站在對方的角度，這樣才能從根本上解決問題。母親的一番教導使李澤楷醍醐灌頂，令他終生難忘。

還有一次，父親的朋友送給小李澤楷一件很大的坦克玩具，小澤楷高興極了，因為新玩具真是太漂亮了，對它更是愛不釋手，就連晚上睡覺都要緊緊摟著。一天，小澤楷正在玩玩具，此時他看見家裡的遊艇幫工在旁邊，用羨慕的眼神看著他，不解其意的小澤楷便問幫工原因，幫工說：「真是羨慕少爺您，您生在這麼富裕的家庭，爸爸媽媽給您買這麼多好玩具，我也有一個兒子，和您差不多大，但我沒辦法給他買一件玩具、一件像樣的生日禮物。」小澤楷聽後若有所思，幾天後，他就把那個心愛的大坦克玩具送給了幫工。看到孩子的舉動，李嘉誠欣慰地笑了，他對小澤楷說：「兒啊，你能夠捨棄自己心愛的東西去幫助別人，讓他人得到和你一樣的快樂，我很欣慰，付出愛心、同情心，是一人立足於世的最大快事。」

行動指南

孟子云：惻隱之心，人皆有之。意思是說人人都應具有同情心。同情心是對他人的需求和願望的理解，是對他人不幸的關注和憐憫，是他人的遭遇在自己情感上引起的共鳴。重視孩子的同情心，有助於提高孩子的責任意識，從而養成與人為善、助人為樂的品德。

第4週 Fri.

賺錢的意義

賺錢多，可以回報社會。

——《老板經典：中小企業做大做強的八項修煉》

背景分析

十年前，李嘉誠在長江商學院的揭牌儀式上發表了一場著名的演講——賺錢的藝術，其中不少經典的演講詞成為長江商學院學子們津津樂道、口口相傳的話題。兩年後的二〇〇四年，同樣的時間、同樣的地點，李嘉誠又做了題為「奉獻的藝術」的演講，從賺錢到奉獻，是人生價值的昇華，也顯現出李嘉誠對新一代中國企業領袖的進化與擔當更多社會責任的期望。

在激勵商界新秀上，李嘉誠以回報社會為職責的標準來激勵他們。在培養自己孩子的價值觀方面，李嘉誠也如此。有一次，李澤楷問李嘉誠：「爸爸，我們賺這麼多錢到底有什麼意義？」李嘉誠的回答很簡單：「賺錢多，可以回報社會。」

在李嘉誠看來，作為社會的公民、作為社會的一分子，有責任會令這個社會更好、更進步，讓更多的人可以得到關懷，還可以幫助那些需要幫助的人。他堅持這是做人的原則，因為如果這些人沒有什麼困難，也不會希望人家幫忙。這也是做人的道理。所以如果想得通的話，個人的尊貴是從他的行為而來的。

在李嘉誠的培養下，他的兩個兒子都深受其影響，自始至終緊隨父親的慈善之心。早在一九九〇年代初，李澤楷就堅持做義工，為香港邊緣少年教英語，資助他們出國讀大學；二〇〇九年八月，在李澤楷的幫助下，美國哈佛大學學者對中國西部大開發戰略提供了諮詢報告。當年北京申奧，李澤楷自掏腰包，邀請導演張藝謀為北京專門拍攝了一部長達四十五秒的北京申奧廣告宣傳片，又耗資千萬美元，將宣傳片於國際媒體的黃金時間段播放。對此，李澤楷表示，申奧成功是中國人的盛大節日，他和所有中國人一樣，感到很激動、很高興。他再補充說，要辦好二〇〇八年奧運會，還有許多事情要做，香港電訊盈科集團將會為此繼續盡力……同年五月四川汶川地震，李澤楷又慷慨解囊捐一千七百萬港元資助受災同胞。和李嘉誠一樣，李澤楷也是一個低調的人，因此他的這些善舉很少在報紙媒體上看到，有一些甚至近十年後才逐漸被外人所知。

行動指南

賺錢是商人的天職，而且每個人都想賺大錢。但要想賺得大錢，單槍匹馬不行，靠一個企業也不行，要鑄造商人金字塔，得靠社會共同構建起來的軟體和硬體條件。而衡量一個企業家是否有策略眼光，就要看他賺到錢之後怎樣花錢。賺了錢，如果忘了回報社會，再多的錢也是毫無意義的。

參考文獻

- 商謀子編著（2007），《李嘉誠經商智慧全書》，西安：西北大學。
- 佚名（2004），《李嘉誠經商自白書》，北京：群言。
- 藍潮（2000），《李嘉誠傳》，香港：名流。
- 炎林（2004），《李嘉誠商戰十戒》，台北：明日世界。
- Neel Chowdhury (2001)，《財富》中文版，第二十九期。
- 李津編著（2009），《李嘉誠：華人首富獨步商界的不息傳奇》，北京：中央編譯。
- 李岳編著（2006），《李嘉誠給管理者的十條忠告》，北京：群言。
- 武文編著（2006），《李嘉誠富與貴的哲學》，北京：北京工業大學。
- 陳美、辛磊（2005），《李嘉誠全傳》，北京：中國戲劇。
- 佚名（2006），〈過猶不及知止不殆：李嘉誠答問〉，《財富智慧》雜誌，第一期。
- 炎林（2011），《跟李嘉誠學賺錢》，台北：林鬱文化。
- 佚名（2000），〈第二章：風流人物　李嘉誠的香港心中國情〉，《中華魂》雜誌，第七期。
- 王志綱（2009），《成就李嘉誠一生的八種能力》，北京：金城。
- 王軍雲編（2005），《成就李嘉誠一生的七種心態》，北京。
- 呂叔春編（2005），《李嘉誠做大的十二字箴言》，北京：中國紡織。
- 史晟（2005），《厚黑學新商經》，台北：文經閣。
- 炎林（2005），《李嘉誠商道十戒》，哈爾濱：北方文藝。

●天野（2006），《聽李嘉誠講做人做事做生意》，北京：中國檔案。
●沙敏編著（2007），《李嘉誠智傳》，北京：中國文史。
●言誠編著（2007），《解讀李嘉誠經商不敗的奧妙：做人做事做生意》，長沙：湖南人民。
●柳明（2007），《做人做事會用人：微妙的用人藝術》，長沙：湖南人民。
●岳曉東（2010），《決策中的心理學》，北京：機械工業。
●禾田（2009），《華人首富李嘉誠生意經》，北京：中國商業。
●辛愛軍（2008），《億萬身價成功術：通透亞洲首富李嘉誠的經商智慧》，北京：現代教育。
●金虎主編（2010），《從推銷員到華人首富：解讀李嘉誠管理智慧》，北京：金城。
●佚名（2007），〈李嘉誠：品德好有能力的員工，應給予機會盡量發揮〉，《聯合早報》，二〇〇七年六月十九日。
●佚名（2007），〈百年華商第一人：李嘉誠傳奇〉，《商業周刊》，第一〇四七期，二〇〇七年十二月十三日。
●馬馳主編（2003），《李嘉誠成就一生大業的資本》，北京：中國致公。
●曾禹（2009），《李嘉誠：財富人生》，北京：北京工業大學。
●王來興編著（2009），《中華儒商智慧全集》，北京：新世界。
●王彤、祈德正（2001），《李嘉誠金言錄》，香港：名流。
●吳酩作，（2001），〈香江客語專欄：超人的投資理念〉，《人民網》，二〇〇一年七月三十日。
●德川（2007），《經商從做人開始：華人首富李嘉誠的生意哲學與處世技巧》，北京：金石海納。
●Arshioul（2001），〈TOM.COM 壟斷媒體生物鏈〉，《人民網》。
●張亮（2006），〈你所不知道的李超人〉，《環球企業家》，第一二七期。

- 周健森（2009），〈李嘉誠：八十後的保守與理性〉，《北京晚報》，二〇〇九年二月十五日。
- 予思編著（2010），《從推銷員到華人首富：解讀李嘉誠管理智慧》，北京：京城。
- 炎林（2011），《跟李嘉誠學做人》，台北：雅典娜書坊。
- 李問渠（2009），《李嘉誠商道真經》，北京：新世界。
- 禾田（2009），《華人首富李嘉誠生意經》，北京：中國商業。
- 孔鵬（2009），〈李嘉誠如何過冬〉，深圳《新財富》，二〇〇九年一月十九日。
- 呂叔春（2005），《李嘉誠一生三論：論謀事、論經商、論做人》，北京：中國長安。
- 王祥瑞（2011），《李嘉誠談：做人、做事、做生意》，台北：大都會文化。
- 羅石原（2012），《李嘉誠給青年人的成功啟示錄》，台北：大智文化。
- 黃永軍（2003），《李嘉誠：敢想敢幹的超人膽識》，北京：線裝書局。
- 陶敏珠（2002），《世紀超人：李嘉誠少年與青年的成長經歷》，北京：金城。
- 韓冰編著（2011），《老板經典：中小企業做大做強的八項修煉》，北京：新世界。
- 佚名（2009），〈超人沽貨　股市未跌完？〉，《文匯報》，二〇〇九年一月八日。
- 佚名（2008），〈李嘉誠：危機中獨善其身〉，《大眾日報》，二〇〇八年十一月七日。
- 羅綺萍作（2007），〈李嘉誠的快樂和煩惱〉，《21 世紀經濟報導》，二〇〇七年三月二十五日。
- 上官中元（2011），《李嘉誠財富筆記》，北京：人民日報。
- 佚名（2005），〈李嘉誠對第三個兒子的期許〉，《亞洲周刊》，二〇〇五年二月六日。
- 佚名（2001），〈助無助者：李嘉誠與殘疾人〉，《人民日報》，二〇〇一年九月二十六日，第二十版。

實戰智慧館 433

讓你的敵人都相信你

一天五分鐘，全方位拷貝華人首富李嘉誠的成功腦袋

作　　者——張尚國

執行編輯——盧珮如
特約編輯——楊憶暉
編輯協力——林孜懃、陳懿文
封面設計——吳韶康
行銷企劃經理——金多誠
出版一部總編輯暨總監——王明雪

發 行 人——王榮文
出版發行——遠流出版事業股份有限公司
臺北市 100 南昌路二段 81 號 6 樓
郵撥：0189456-1
電話：2392-6899　傳真：2392-6658
著作權顧問——蕭雄淋律師
2015 年 2 月 1 日初版一刷
2019 年 2 月 25 日初版三刷
新台幣售價 360 元（缺頁或破損的書，請寄回更換）

ISBN 978-957-32-7552-7

遠流博識網
http://www.ylib.com　E-mail:ylib@ylib.com

國家圖書館出版品預行編目 (CIP) 資料

讓你的敵人都相信你：一天五分鐘，全方位拷貝華人首富李嘉誠的成功腦袋／張尚國編著 . -- 初版 . -- 臺北市 : 遠流 , 2015.02
面；　公分 . --（實戰智慧館 ; 433）
ISBN 978-957-32-7552-7（平裝）

1. 李嘉誠 2. 學術思想 3. 企業管理

494　　103025499